山东艺术学院科研成果出版基金资助

U0194227

舞台服饰造型艺术

徐丽慧 著

中国戏剧出版社
CHINA THEATRE PRESS

图书在版编目（CIP）数据

舞台服饰造型艺术 / 徐丽慧著 . —北京：中国戏剧出版社，2019.8（2020.3 重印）
ISBN 978-7-104-04824-4

Ⅰ . ①舞… Ⅱ . ①徐… Ⅲ . ①舞台美术－服装设计
Ⅳ . ① TS941.2

中国版本图书馆 CIP 数据核字（2019）第 140362 号

舞台服饰造型艺术

策划编辑：郑少华
责任编辑：王松林
项目统筹：刘　岳
责任印制：冯志强

出版发行：中国戏剧出版社
出 版 人：樊国宾
社　　址：北京市西城区天宁寺前街 2 号国家音乐产业基地 L 座
邮　　编：100055
网　　址：www.theatrebook.cn
电　　话：010-63385980（总编室）
传　　真：010-63383910（发行部）

读者服务：010-63381560
邮购地址：北京市西城区天宁寺前街 2 号国家音乐产业基地 L 座

印　　刷：鑫海达（天津）印务有限公司
开　　本：787mm×1092mm　1/16
印　　张：13
字　　数：150 千
版　　次：2020 年 3 月　北京第 1 版第 2 次印刷
书　　号：978-7-104-04824-4
定　　价：68.00 元

前　言

　　舞台服饰造型是戏剧学学科中的分支，它涉及戏剧学、美学、服装学、服装史、材料学、人体工学、工艺学等多门学科。

　　舞台服饰造型又属于舞台美术范畴，它与戏剧文学、表演艺术、导演艺术一起，共同构成戏剧这门综合艺术。舞台服饰造型艺术又是由形体、动作、声音、表情、服装、化妆等成分构成，它存在于特定的戏剧空间与舞台场景中。舞台服饰造型艺术的成功与否，不单凭设计师的才华，而涉及诸多戏剧因素的制约。舞台服饰造型艺术具有一般服装设计的共性，又有其独特的艺术规律。

　　舞台服饰造型艺术有独特的造型特征，它与时代背景密切相关，其假定性高于实用性，同时与观众有一定的距离效应，这些特征决定了舞台服饰造型艺术的美学原理及设计艺术都与普通的服装设计不同。特别是图案的运用，除了一般的装饰作用以外，又被赋予特定的寓意。舞台服饰造型艺术对材料的宽泛运用，以及制作工艺的五花八门，都为我们展开了想象的空间。舞台服饰造型的服饰搭配艺术，以及如何

1

运用视错原理对人体的体型进行修饰，都需要在实践中不断总结。

　　本书通过以上内容的深入阐释，能逐步掌握舞台服饰造型艺术的能力。当然，本书在编写过程中，难免借鉴前人的经验，同时又有自己多年经验的积累，不当之处，在所难免，并恳请提出宝贵意见，以便共勉。

徐丽慧

2019 年 3 月 13 日

目 录

第一讲
绪论

　　当代中国人的服饰款式，是以西式服装或在西服基础上改进的制式服装为常服的。但是，透过服饰表象看中国人的着装意识，传统服饰观仍然占据主体地位。中国传统服饰观，是相对于中国以外的国家而论，它从属于中国人的文化观乃至世界观。中国服饰观的理论基础，是由儒、道、墨诸家学说构成，其中有统一，也有不统一。这种不统一的现象，导致了中国人自古以来在服饰观上以礼为主。在中国传统观念中，几乎都认为服饰是礼的重要载体，是礼制的表现，所以"黄帝、尧、舜垂衣裳而天下治"（《易·系辞下》）被认为是千古名言。儒家代表人物孔子所说："修身齐家治国平天下"是士人儒生的人生信念与行为准则；而它的起点"修身"当然不能缺少人体包装行为，即必须塑造出具有一定儒家风范的服饰形象。儒家经典《礼记·内则》中载有对衣冠制度（服饰穿戴标准）的许多具体要求。如"男女未冠笄者，鸡初鸣，咸盥漱，栉（梳理束发），拂髦（少年齐眉发），总角（少年向上分开结发），衿缨皆佩容臭（身上以缨佩香物）昧爽而朝"。

这是指未成年人晨起一整套着装修饰程序，完成后才能拜见尊者、长者。至于成年人"子事父母""妇事舅姑"更有一番严格的衣着讲究。如遇守孝，还要以三年乱头粗服的服饰形象出现，才算符合儒家的礼仪。儒家这种服饰观是中国社会长期的着装指导思想。

舞台服饰造型是人物造型的重要内容。在舞台上，服饰造型对于帮助演员刻画人物性格，塑造角色形象，烘托气氛起到至关重要的作用。但是舞台服饰造型的设计必须符合中国传统的服饰观。传统服饰观在当代中国人着装意识中，仍然占支配地位，服饰常常是礼仪、礼节、礼貌的直接体现。社会生活中，往往以讲究服饰者为"上等人"，以短打扮者为"下等人"。遇丧事依然披麻戴孝（追求重孝），且守制（即穿素色衣服）尚需数月或一年。女子袒领短裙，目为大胆恣肆，奇装异服，以至连影视剧中杨贵妃唐式平常的袒领服，都引起不少人惊奇。老年服装则务必去艳丽、少装饰等等。这些传统着装意识反过来一直影响着舞台服饰造型艺术。

舞台服饰造型在舞台艺术中属于美术范畴，它包括对人物的服装、鞋帽、饰物、配件、面部妆容、发型的设计与呈现。它的承载者和展示者就是演员。按照一般规律讲，服装设计在舞台艺术中的作用是：在作品的总体风格框架中，在导演总体构思的指导下，最大可能地帮助演员完成剧中人物的外部形象塑造，使演员符合角色，使人物造型设计符合作品的整体风格，圆满地完成舞台艺术的使命。

随着人类社会的演进，科学艺术的普及，大众文化水平与审美标准的提高，娱乐形式和选择方式的多样化，尤其是高科技手段和工具在舞台艺术中的应用，使得舞台艺术的表现形式异彩纷呈。

一、舞台服饰造型的特征

舞台服饰造型是由形体、动作、声音、表情、服装、化妆等成分构成的，服装是角色的一部分，它存在于特定的戏剧空间与舞台场景之中，通过直观化的形象包装来表现一定的戏剧内容。舞台服饰造型能把演员瞬间变成王公贵族或平民百姓、年老色衰或青春靓丽、阔太或荡妇等不同类型。在戏剧舞台中，服饰是决定一个人物角色的最外在的常用手段。无论是写实主义还是象征暗示，服饰都能表达性别、年龄、所属社会阶层、职业、国籍、民族、宗教等内容，有时还反映特定时代的精神。服饰还能够反映历史时代（春秋战国时期的交领）、季节（羽绒服与短袖衫）、天气（风雨衣）、环境（舞蹈服、工装服），或一天里的某段时间的符号（家居服—风衣—睡衣）。另外，舞台服饰造型总是同时与几种情况相呼应，与属于其他系统的符号相伴随，受到剧作家、导演、演员、舞台样式等戏剧载体的控制与限定，它的存在时空是经过刻意假定的，舞台服饰造型的成功与否不单凭设计师的才华，而涉及诸多戏剧因素的制约。

舞台服饰造型的特征，大致体现在以下几方面：

其一，舞台服饰造型来源于生活。人们常说舞台服饰造型要"合乎时代的历史考据"，而不是凭设计师的主观臆断。如表现春秋战国时期的历史名人的剧目，服装必须以玄端、深衣、袍、襦等为基本特色；

如表现莎士比亚《哈姆雷特》等历史剧，通常以欧洲17世纪的磨盘领、灯笼裤、开口袋等为人物服饰形象创造的依据。历史时代的生活服装是舞台服饰创造的源泉与依据。同时，生活服装有时又来自舞台服饰的影响与渗透。生活服装与舞台服饰密切关联，如果说生活服装是日常生活与行为的记号，而舞台服饰就成了记号的记号，它在戏剧特性的支配下，完成戏剧形象外观包装的使命。

其二，舞台服饰造型的假定性比实用性要高。舞台服饰受戏剧要素的制约，与生活服装不同，体现在服装的假定性高于实用性。所谓"假定性"，指一切艺术"幻想"所共有的一种约定俗成的属性，即被人类审美心理所认可的艺术真实性。舞台服饰造型的假定性是虚构的艺术真实，是在剧场条件下，服务于戏剧演出（承担角色外貌塑造）的假定的舞台真实。服装在戏剧假定中成为角色的形象符号之后，常规服装所要求的合身、耐穿、便利等因素失去了支配作用，而合乎角色的假定情境与身份，并通过性格、时代等角色服装假定的处理与艺术化的表现，使人联想到生活真实的艺术效果，它的全部意义才能成立。

其三，舞台服饰造型有一定的依赖性。舞台服饰不像时装发布，舞台服饰受舞台各部门的制约，如舞台空间样式、色光的处理、角色与角色之间的关系、演员形体条件，均对舞台服饰有着不可回避的影响与牵制。一组淡雅简洁的服装，在生活中无可非议，但在舞台上，就要考虑天幕的颜色、灯光的颜色等与这组服装的关系。所以，舞台服饰造型要依赖于舞台、灯光、角色等才能成立。

其四，舞台服饰造型的远近距离效应。舞台服饰造型的距离是由剧场内舞台与观众席的条件而定，这种客观的存在，促使舞台服饰造型强调整体的造型，它与生活服装注重缝制工艺的细针密线不同。例如，古希腊剧场中的角色常用高跟鞋、面具来托高演员的体形，与剧场的低凹及远距离有关；伸出式舞台与小剧场戏剧中，演员与观众距离较为贴近，服装要求亲切而富有常态；镜框式舞台，要求服装有一定的张力，依靠裙撑、衬垫来修饰形体。一般来说，舞台服装出于距离的限制，服装造型偏重于轮廓与材质的强调，形与形之间的组合比生活服装更概括，色彩运用也比生活服装更强烈、更明确，过繁的细节在舞台服装上容易显得零乱而失去力量。环境戏剧与偶发戏剧，让演员与观众近距离接触，分不清谁是演员谁是观众，这种体验又让舞台服装与生活服装完全一致，分不清彼此。

其五，舞台服饰造型的以假代真。这是指与观众有一定距离的舞台服饰造型。既然有距离感，又是生活服装的艺术再现，艺术表意的成分高于生活服装，因此，服饰常常以假代真。在舞台上，服装材料只求质地与色泽的相似，不要求材质成分的华贵。例如，皮革用人造革或化纤复合材料替代；皮毛用人造毛材料替代；毛料用打包布染色代用；西装口袋只有袋盖，没有袋布等等。实践证明，舞台服装的结构与材料采用以假代真的处理可以事半功倍，并有强烈的舞台艺术效果。例如，武士头盔上的缨饰，用包装用的彩色尼龙绳，在舞台色光的烘托下，艳丽夺目，并可随光的变化而变化，这种替代材料与真正的飞禽羽毛相比，既经济又出效果。如表现中国20世纪二三十年代的少爷、小姐的服饰可以用化纤织锦面料代替昂贵的丝绸织锦面料，完全可以表现其高贵的身份。

二、舞台服饰造型的演变

早期戏剧演出，大多怀着宗教性祭祀的目的，戏剧成分中以扮演神或人物的故事、模拟战争以及"显圣"等场面为主。狂热的宗教因素，体现在表演者衣饰上努力进行自然及动物的模仿，以示庆贺猎取动物的快感并象征人的力量。这种模仿不仅是动作上的肖似、更注重外表上的酷似，通常用动物皮、动物角来作为衣料与头饰，在服装史上被称为"动物标本"的造型时期。但这种模拟的动物形象不是猎物原形，而是在猎物原形基础上的替代式雕刻，即后来称之的面具。模拟式的服装装扮除了祭神庆典之外，也为了使表演者更靠近与吸引动物，既做伪装也做舞蹈装饰。

古希腊戏剧演出中的造型因素主要在服装与面具的独特性质上，这与希腊戏剧中并不注重舞台的真实性有关。演员服装以长袖袍为基本款式，区别仅在于袍的长短与装饰程度不同，袍身有腰带束之，与当时希腊日常生活中的式样差不多，贵族人物的袍子在领口、袖口、下摆处有富丽的连续纹样装饰。神话题材中的男演员常常戴经过加工的面具，后臀处挂有马尾装饰，在唱与跳的动作中表现剧情。以动物特征来进行装束是古希腊舞台服装类型化的特征之一。"喜剧之父"阿里斯托芬的剧中服装除了源于公元前4世纪狄俄尼索斯教衣之外，外形充塞像鸟的形象。由于希腊服装以袍身结构为主，其色彩不同也就成了不同成分与地位的象征，如深暗色表示哀悲，紫色象征皇权。在古希腊喜剧与悲剧上，悲剧服装不像喜剧形象那样夸张程序，而是更生活化，演员穿厚底靴、宽松短袍，纹样装饰几何化、清丽纯净，衣裙流畅而富有变化。古罗马戏剧由于过多地追求娱乐性的感官刺激，如斗兽、竞技、屠戮等场面，演员服装从总体上呈现为变异的造型，悲剧袭用希腊长袍结构，喜剧用短裤，悲剧用厚底靴，喜剧用平底靴。古罗马喜剧服装开始出现了程序化的装束，如驼背鹰钩鼻以示阴险诙谐，大嘴巴面具以示吹牛放羁。古罗马戏剧服装的另一特色在于以色彩来表现人物的性格、职业与地位，具有了象征功能，如白色为长者，紫色为青年，黄色为妓女，灰色为杂行者。

　　中世纪被誉为"黑暗的中世纪"，几乎所有艺术均为宗教效劳。由于宗教剧（亦称神秘剧）的发展与盛行，演出服装比古希腊、古罗马演出服装单调呆板得多。在教会内部表演的"礼拜式戏剧"服式通常为修道士打扮，白色长袍、圆形帽；勇士与魔鬼一律为法衣装束。中世纪演出服装并不追求史实的可靠性，而是偏重筹办豪华奇异的服装，勇士及国王"包括耶稣"均穿白色长袍，配之金色边纹；魔鬼用红黑二色的触角与猪嘴面具；丑角采用罗马喜剧的装束，为充填式五彩服装且头佩鸡冠花，头部两侧挂驴耳朵。在中世纪演剧服装中，色彩同样包含着象征寓意，白色示意和平温和，红色代表残酷与粗暴。

　　文艺复兴使中世纪戏剧在欧洲渐渐衰落，伊丽莎白戏剧与意大利即兴喜剧开始兴盛，戏剧题材与语言均显示了文艺复兴的思潮，舞台不遮饰，气氛凭借华丽服饰与景致来创造。服装款式为贵族式样，设计与装饰充满幻想。以该时代琼斯为代表的服装设计师注重服装的矫

揉造作，并刻意制造灯光下的变化效果，服式、盔甲羽毛、披风、短靴等均具有戏剧性。在意大利假面喜剧中，角色的定型化使服饰形象更具象征性，面具与服装随角色而定，各阶层人物各服自身的"行头"，观众一眼就能辨认出角色身份。服装基本式样如同当时的生活装，即短袍、佩剑、头戴翎毛大帽、斗篷、紧身裤。文艺复兴时期的英国戏剧服装有了自己的特色，即同时期服式与古典、寓言、职业性及外国特殊服装的多方混用。

17世纪，巴洛克戏剧主导欧洲，舞台设计注重布景机关及特技，新材料的运用及运动感、空间错觉等同样在舞台服装中体现。如英国戏剧服装设计师吉斯塞为歌剧设计的服装，讲究奢华的形式，借用希腊罗马服装结构，再添加大量附件，如头盔、胸铠、短裙。此时期的服装设计既求与历史轮廓相吻合，也吸收当时的各类艺术风格，两者结合浑然一体。

18世纪戏剧服装随着舞台革新而变化，讲究式样的贵族红追求浪漫效果，洛可可艺术的曲线结构也在服装上得到体现。随着考古的发掘，设计师也力求在服装上表现史实的成分。设计师谢里登在为悲剧《希腊的女儿》一剧中的女主角所设计的服装就采用了典型的希腊服式：高腰长裙、几何纹花边、无裙撑。18世纪编织材料的发展也给舞台人物的装束提供了新来源，如塔林绸、花缎、华达呢等，开始注重服装质感所产生的不同效果及人物的不同身份，使舞台角色感更强烈。

19世纪的戏剧从古典主义走向了浪漫主义与现实主义、剧目演出讲究整体表现，舞台设计各部门倾向于历史准确性与写实，服装师所表现出的对希腊、罗马、中世纪、文艺复兴的兴趣，正是为了获得更大的历史准确。1837 年英国服装史学家普兰切为莎士比亚剧目提供了大量的历史形象与文字资料，使演员所创造的角色保持着严谨的时代性。1850 年，设计师查尔斯·基恩为《理查德二世》设计的角色服式，曾引起人们对戏剧服装时代性、史实性的专题探讨。对史料与时代的注重，应归功于该时代的德国演员公司，该公司能设计各个时代服装的细节，甚至教演员如何穿戴各时期的服装。

19 世纪末 20 世纪初的戏剧，如同其他艺术一样，风格多样，千姿百态，如"印象主义""表现主义""艺术新事物""象征主义"等等，艺术与科学的联姻给人们以清新的感觉。梅耶荷德、戈登·克雷、阿披亚等一大批舞台革新家的涌现，推动了戏剧观念的变化，他们强调对整个舞台要素的协调及形式趣味的象征功能，促使服装与之相吻合。服装设计开始创造朦胧、夸张、抽象或幻想的外观，目的在于唤起观众联想，与现代艺术同步，与布景、灯光的意境相吻合。如平滑的衣料有光泽，塑料产生特异效果，透明的轻纱给观众虚缈之感，洗练的几何形与新兴建筑的抽象结构风格一致，舞台服装设计手段与技巧注重与角色形象相符。同时，20 世纪开始，舞台服装设计的地位也随之提高，欧洲的剧院经理开始委托当时的名画家来设计演员服装，如法国的毕加索、俄国的理查德·罗蒂均为戏剧设计过服装。其中英国的查尔斯·理克兹所设计的戏剧服装既充满艺术想象力又具历史的辨别力，重整体造型，轻细节装饰。30 年代之后，各国相继涌现出了一批舞台服装设计师，这些设计师总体上来看，成功地把现时艺术倾向与历史完美地结合，大胆运用象征手段，追求舞台艺术效应与整体气氛，设计注重风格倾向，大胆运用新材料。例如，俄国舞台

服装设计师巴克斯特，为《仙女——菲亚木偶》《迷人的美女》等一系列芭蕾舞剧的服装设计，将戏剧性、舞蹈性巧妙地融合于服装造型之中，对各种面料的运用也有独到之处。英国服装设计师塞西尔·比通为《窈窕淑女》设计的服装，吸收了当代装饰风格，将流行服装的典雅、时尚导入到角色创造中来，强调服装美的独立审美价值。随着演出风格多样性的变化，在当代西方舞台上，歌剧、舞剧、话剧、音乐剧等各种戏剧形式竞相争艳，剧目演出的范围也更为广泛：促使舞台服装更大胆地迈向多种样式的求索，既有重史实的再现，也有重意境及假定的表现，而更多地偏向于"中性"风格。这与剧目的精神及导演各种不同风格息息相关。这种"中性"风格的服装式样与色彩大多没有明确的历史轮廓及符合时代的博物馆式色彩，仅以某形某色来作为某个角色的外形符号罢了，具有多向性、不稳定性的特征。（图1—图4）

20世纪60年代的"环境戏剧"，传统意义上的"剧场"则彻底消失，取而代之的是固有的或经过改造的车库、原野、广场等物质环境或场所。"环境戏剧"是由美国纽约大学的谢克纳（Richard Schechner）教授提出的，强调演员与观众在特定环境中的感受、知觉以及即兴的活动和相互的作用。正如美国的罗乔（Jerry N. Rojo）所说：环境戏剧"不再创造某种幻觉"，也"很少考虑暗示的幻觉、假装或模拟的问题"，而是对于特定环境中人的"从内部引起"的"全部卷入的感觉"的探究和表达。在谢克纳执导的《酒神狄翁尼索斯在1969年》一剧中，观众被引入了一个破旧的汽车库那里，没有什么固定的座位，而是任意选择可以驻足的散落的平台空间，表演在这散落的观

图1 芭蕾舞剧《天方夜谭》中的
印度青年 ［俄罗斯］巴克斯特
（Леон Николаевич Бакст）

图2 芭蕾舞剧《天方夜谭》中的
黑人 ［俄罗斯］巴克斯特
（Леон Николаевич Бакст）

图3 芭蕾舞剧《天方夜谭》中的
印度青年 ［俄罗斯］巴克斯特
（Леон Николаевич Бакст）

图4 芭蕾舞剧《狂欢节》中的查
丽娜 ［俄罗斯］巴克斯特
（Леон Николаевич Бакст）

众群体中间进行。传统意义的剧场、演出甚至表演都产生了巨大的疑义，戏剧演出与生活"偶发"的实际经验和感受的距离越发地接近和混淆。如果说格洛托夫斯基尽管努力融合演员与观众的共同参与、共同创造，进而使两者关系密切，但他并不改变演员与观众观演关系的性质，并不彻底消除两者的距离。经过"环境戏剧"的改造，戏剧艺术越发变得模糊、凌乱和无序。特别是种种"偶发"戏剧的实验和改造，使戏剧与日常生活的偶发事件逐渐混淆起来。演员与观众的观演关系的性质被改变了，剧场消失了，演员真的"在街头演戏"，戏剧演出成了偶发的即兴活动，艺术与生活的界限被彻底地打破了。

"偶发"戏剧（Happening Theatre，又可称为"机遇"戏剧、"境遇"戏剧）最早是由一群从事实验创作的音乐家、美术家发展起来的，而提出 Happening 这一概念的是阿伦·卡普罗（Allan Kaprow）。他于1959 年发表了一个倡议书，宣称要创造一种更接近生活的新艺术，这是由艺术家表演的偶发的事件所组成，而这样一种形态的艺术就叫Happening。

于是各式各样的反常规、反传统的"偶发"实验就在"超级市场""奔驰的公路""破烂堆里"，或者"厨房""街道"等地方兴起，人们搞不清这是戏剧表演呢，还是一场游戏，甚至是恶作剧？六七十年代是"偶发"戏剧最热闹的时代，到了后来戏剧甚至就成为一种行为或活动。

中国戏曲起源于公元前的古老岁月，并成型演绎了千百年（我们暂以宋金时期的杂剧为戏曲的成熟期），然而西方对于中国戏曲的真正了解和认识却是 20 世纪之后的近几十年的事情。其间固然有地域、文化交流传递不便的客观因素，但同时也存在着另一方面的重要原因，那就是自亚里士多德开创了宏伟、壮阔的西方演剧史之后，西方剧坛的辉煌与伟岸似乎遮盖了其他地方戏剧文明的璀璨。

20 世纪以来我国戏剧舞台服装的产生和发展与中国现代戏剧的衍变息息相关，除传统戏曲的"衣箱制"之外，在欧美戏剧与日本新派剧的直接影响下产生的现代话剧，舞台人物塑造经历了从早期的贴近现实生活、针砭时弊到 80 年代之后"探索性戏剧"的多元化格局这个过程。30 年代至 50 年代，角色的服装处理受现实主义戏剧的影响，服装强调生活的真实性、具体性，服装成为舞台上再现生活的一部分。例如《家》中的人物服装，不但在样式上（长衫、马褂儿、洋装、旗袍）与时代一致，还在局部上（补丁、面料图案）追求真实、生动的细节，服装成为充满时代特色的社会缩影。六七十年代受"文化大革命"的制约，"样板戏"的角色服装表现在图解政治，公式化、概念化的人物造型只有一个摹本，不可随意改变。80 年代之后，探索性戏剧的多元化格局初步形成，打破了公式化、概念化一统天下的局面，戏剧创作出现了现实主义与现代主义两股创新潮流的平行和交叉发展；写实与写意两种舞台形式的争妍斗艳；舞台服装也开始尝试表现、象征、抽象、写意等多种风格样式。

三、舞台服饰造型的作用

　　舞台服饰造型属于舞台美术部门，它与戏剧文学、表演艺术、导演艺术一起，共同构成戏剧这门综合艺术，其中每一部门艺术都是戏剧这门综合艺术的有机整体中的一部分，它们之间互相依赖，互相补充，互相强化，互相揭示。舞台服装与舞台布景、化妆、效果、灯光、道具等均是强化、构架戏剧时空及角色形象的手段，它们之间的共同参与使舞台视觉形象更加鲜明。

　　舞台服饰造型体现在创造角色的外部形象，以直观的形式语言来揭示角色的内容。例如30年代的女性角色形象的旗袍式样必须与该时代的发式、妆面匹配；传统绅士形象的燕尾服必须与高顶礼帽、八字胡须造型相统一。角色服装与化妆造型是不可分割的一个整体、这是由它们共同为角色外貌服务的性质决定的。

　　舞台服饰以包装演员的躯干、四肢（形体）为条件，从人物造型的整体角度来看，服装偏重于角色身份的标识，化妆造型偏重于角色与神态的刻画。舞台服装可以在演员形体上根据设计的需要，进行不同形态的变化，如裙撑、磨盘领、束身胸衣、灯笼裤等，千变万化。只要不妨碍演员行动及不脱离整体的演出样式，矮个子可以加鞋跟，胖体态可用直线来修饰；不但要考虑正面还要顾及侧面、背部，不但要考虑款式还要注意装饰点缀等等。舞台服饰以纺织面料、装饰辅料为主，必须经过一定的成衣工艺来实现；舞台服饰造型对服装材料、工艺、服装史、人体结构形态等知识有一定的要求。例如，服装上的平面装饰是绘还是绣，它是什么图案风格，其舞台效果均不一样，"绣"比"绘"更加精致、富贵而更显身份的高贵。

舞台服饰造型是舞台美术的有机组成部分，提供舞台上的视觉形象，它与舞台设计、灯光、道具、效果、化妆等共同参与戏剧创造，其作用大致有三方面。

其一，为观众提供可见的剧情环境与角色形象，将剧本的文学形象转化为舞台视觉形象。例如，老舍的《家》，舞台设计为豪华而沉重的家具，使观众能感受到家的沉重和腐朽，大少爷、二少爷的高档丝质长袍，表现大户人家的身价，这些均能让观众通过视觉形象来理解、判断剧目人物与故事情节，帮助观众深入领悟剧本的主题。（图5）

其二，激发演员创造角色的情绪，帮助演员进入规定情境。例如，灯光的金黄色与服装的红色、橙色、金银色共同营造血与火的场面，这种刺激的色彩对演员视觉的冲击，必然引发演员激昂的表演情绪。

其三，以视觉形象体现剧目的体裁与风格，揭示主题，将创作群体的构思物象化。舞台服装与舞台设计、灯光设计一样，依赖所创造的视觉形象来体现剧目的体裁（悲剧、喜剧、正剧）和风格（写实、写意、抽象等）。例如，《怀疑》剧目中神父的服装设计，胸部硕大的金色十字形挂件与黑色的神父服，这种含有"权力者"象征意味的物象处理，也揭示剧目对权欲、人性的表现主题。

舞台服饰造型的作用与舞台设计、灯光、化妆、道具、效果等各

图 5 话剧《家》中的大少爷、二少爷 赵明睿

部门一致，但在媒介语言上有着差异，这个差异是由各门类的本质特征决定的。舞台美术着重于为演员提供符合戏剧要求的表演空间（场景）；灯光造型依靠光来创造空间、分割空间、渲染空间气氛与情绪，让角色形象明快或阴沉；音响效果通过声音的模仿与加工来表现戏剧内容。而舞台服饰造型有演员形体条件的制约，它比舞台设计、灯光等语言都显得实在、具体，这里的创造不能脱离人体运动结构，也就是说，舞台服饰创造无论如何表现戏剧主题与风格，必须使演员穿着方便、便于行动。例如，《你看起来很好吃》中"霸王龙"形象的创造，躯干部位僵硬状的外壳、四肢部分伸缩性的肢爪、头部弹性的长舌等，均需用软体材料来表达质地上的酷似，并在结构设计上让关节部位能运动自如，否则，装扮霸王龙的演员无法通过滚、爬、跳、立来表达不同的情绪与龙的形体特征。

舞台服装与舞台美术各部门在相互关照、配合、互补中，才能共同构成成功的舞台视觉形象，而且这种互相配合必须贯穿在整个戏剧创作过程中。例如，《宝家歌剧》中附有彩色羽毛装饰的礼服裙，需依靠冷暖色光来塑造形象的体积，并且随演出需要变幻色光，如果灯光只给予照明光（白光），就会使羽毛平和、惨淡；一套深色的燕尾服，如果置身于黑色的天幕之前，会使服装与舞台空间一并失去光彩；色彩绚丽的服装组合，如果与富有多种色光组合，反而显得杂乱无章。所有这些例证，均说明舞台服装不能孤立地考虑它的存在，只有与舞台空间、灯光等默契匹配，才能鲜明而富有个性价值。为避免舞台服饰与舞台美术各部门的不匹配，要求舞台服装设计师始终关注舞美各部门的设计方案与进度，从最初的交流到实施方案，从连排到彩排及

时调整服装与它们之间的不和谐部分，保证舞台视觉形象的整体性。

表演艺术是戏剧艺术的本体，它以演员形体为媒介材料，演员既是表演艺术创作的媒介材料，也是体现整个戏剧艺术形象的最终载体。戏剧正因为有了演员装扮剧中人物、依靠动作表现故事情节等一系列特点，演员也就成了集合戏剧不同艺术门类的"综合体"，其中舞台服饰是与演员的配合、依赖、补充最密切的部分，体现在以下几方面。

其一，通过服装帮助演员找到角色的感觉，由外部的形象折射角色内在的情感状态。莱辛在《汉堡剧评》中曾提及"须知情感是内在之物、我们只能凭外部表现加以判断"，服装是"外部表现"（外貌）的手段、通过"由外到内"来激发演员的角色体验与情感投入。演员通过外部服装来帮助其进入角色，能使角色形象鲜明有力、形神兼备，如演员一旦穿上带水袖的褶子，就能将内心的喜、怒、哀、乐通过水袖的不同造型展露出来，穿上船底鞋及传统旗装，戴上"大拉翅"，演员的步态、举止必定会显得端庄、轻缓。这些都是经过服装的穿戴，使演员"化身"为剧中人物。

其二，协调演员与服装设计师对角色服装的差异。演员通过声音、形体、语言、动态、表情来塑造角色，是戏剧的本体。服装设计师通过款式、色彩、材料、工艺等物态手段在演员形体上的角色塑造，是外部相貌。它们之间不同的角度与手段，形成不同的差异，而这种差异必须通过互补、交流来获得一致，以保证角色形象的准确。设计师在与演员交流中，往往会听到演员要求设计师将他打扮得漂亮些的请求，如何来理解演员服装在舞台上的美，美是什么标准，需要双方之间的沟通，以求获得只有贴切角色身份、符合整个演出样式（风格）

的服装才是角色形象美这个共识。例如，创造一个贫苦山区的村姑形象，服装必须富有山村气息，而且还要有陈旧、破落的质感；而演员本身在生活中的形象很时尚、靓丽，服装设计师有责任去说服她认同，再现生活形象的真实，才是表现角色美的关键。另外，服装设计师所设计的服装，有时并不适合所定演员的形体条件，需要设计师通过设计来弥补形体的不足。例如，一个女演员形体比较单薄、瘦弱，而角色的要求是丰满而充满女性魅力，设计师必须通过结构与材料来营造形体曲线与圆润的效果，切不可袒胸露背。

其三，服装设计师与演员的交流贯穿在整个戏剧创造过程中，从最初的交流到排练，从确定设计方案到彩排，交流的目的是为了使角色的服装更完满，最初的交流能使设计师对演员的条件（形体、肤色、体型、气质、崇尚）有所把握；排练中能洞察演员之间的各自位置与角色性质；确定方案之后要获取演员形体尺寸数据，便于制作；彩排中能根据舞台实际效果而做进一步调整。

戏剧活动不能没有导演，导演是戏剧艺术中一切问题的决策者，对于演出的成败，导演承担着最大的责任，既要负责对剧本的再创造，也要启发并指导演员创造角色及保证舞美各部门协调统一，最终实现完整的舞台艺术形象。

服装是导演创造演出形象中，作用于角色外貌包装的手段，服装及其服装设计师应贯彻、接受导演的既定方案。通过听取导演阐述、导演对设计方案的评价、导演对彩排中的意见等一系列过程，来检验服装是否合乎整体的演出风格及导演所要求的实际效果。例如，导演确定用时装形式来表现《哈姆雷特》形象，对哈姆雷特的服装要求是

具有现代的时尚风格，服装设计师应循着这个主线去确定方案，而一改传统的以文艺复兴时期服装为依据的创造。服装在认真贯彻导演创作意图，做好服务工作的同时，也能通过设计的创新来为导演提供有价值的舞台调度，激发导演创作灵感。例如，日本宝冢剧院的演出样式，之所以被誉为"东方的百老汇"，主要是服装的绚丽多彩、千姿百态，便于导演来营造豪华的场面，通过不同列队之间的穿插及其舞蹈动作，结合富有节奏的音乐，给人以愉悦、欢快的视觉感受。设想一下，如果宝冢的演出没有这种豪华的衣饰，再好的导演也无法创造这种气氛。

导演之间有不同的阅历、不同的知识结构及审美情趣，有的擅长写实风格的再现，有的热衷写意风格的表现，有的注重创新与探索。服装设计师应考虑是否与所合作的导演在创作风格与审美崇尚方面达到和谐默契，避免创造过程中由于不同的理解或表现力的极大差异而产生冲突。同时，服装设计师也有不同的擅长并不是所有设计师都能驾驭各种样式与体裁的表现，有的擅长传统戏曲服饰，有的偏爱舞蹈服装，关键是寻求服装设计师与导演之间在风格与表现力上的谋合，便于调动双方的积极性。

舞台服装设计师与导演的交流通常有三个阶段：第一阶段听取导演阐述导演构思，从而制订设计方案；第二阶段是将设计方案交付给导演（包括所有创作部门）评审，根据各方面意见做调整；第三阶段是关心排练过程，尤其是连排与彩排，通过试装来听取导演意见，检验服装是否符合角色要求，这个阶段的导演，会从舞台整体形象的角度，对服装提出具体的修正意见。

四、舞台服饰造型的功能

　　服装的款式必须满足于服装的功能需要，而服装的功能是受生活工作的需要制约的，因此服装的功能对服装的款式设计有决定性的影响。在设计服装款式时，如果不顾功能和用途的需要，单纯在款式的变化上大做文章，也是不可取的，因为它无法满足特定的需要，更谈不上创新，因而是失败的，从而不具有生命力。因此，必须把满足于服装的功能作为服装设计的首要问题来认识。舞台服饰造型作为角色服装的作用，使它成为舞台人物形象的装饰符号，与其他舞台要素共同参与戏剧的创造，功能既不同于生活服装注重品牌价值的社会性，也不同于传统戏曲服装需顺应程序化欣赏要求，而是在实用、再现、组织、审美与象征四大方面着重体现。

　　舞台服装的实用功能并非人们对生活服装的实用观念，生活服装的实用指价廉物美、符合主观选择、穿着舒适、工艺讲究等等，舞台服装的实用功能除含有以上部分因素之外，主要体现在改变形体、帮助行动并为舞台整体形象润色。

　　服装必须满足保护人体的作用。如摩托车赛车服，有的款式是由三百多块衣片缝制而成，而片与片之间的设计既要满足人体功能又要保护人体免受伤害，同时还要透气、挡风和吸汗。繁缛的结构，复杂的工艺，大量防护功能材料的运用，在这里成本似乎是不必考虑的，

因为生命是无价的，满足防护功能才是第一位，所以才有多达几千元甚至上万元的摩托车赛车服；而航天员的宇航服，既要保护人体，又要承受一定的压力；防寒滑雪羽绒服，多厚的羽绒才能达到保暖效果，多厚的重量又不使人有累赘感觉，还要符合防静电、防辐射、防摩擦等等具体要求。在特定的场合，穿着服装要使人满足特定的需要。服装在改变形体的同时，实用功能也包含着它必须协助行动，因为演员在舞台上不是蜡像造型，而是在一定的表演空间流动的，服装造型上要注重肢体部位的处理不妨碍行动。例如幅度大的动作（格斗、击剑、劲舞），更要在服装上帮助演员行动，常用弹性紧身裤、宽松衫等形式来尽量减少形体外部的添加成分。

舞台服饰造型改变人物的形体，指在演员形体的基础上，服装造型通过工艺上的扩、缩、填、贴、垫等手段来创造符合角色要求的外部形象。如模拟外形的甲虫、精灵、动植物或再现性格化的吝啬鬼、驼背人、武士等，这些角色外观形象绝不能以常态服装的结构来处理，而应根据这些形象模拟的结构特征和性格类型来再现需求的形象。通常，甲虫用人造革拼接成甲壳状外套配以爬行的动作，武士垫肩收腹，驼背人在背部添加填充物。在表现西方剧目时，舞台服装的改变尤为重要。带有裙撑的18世纪欧洲贵妇裙，如果不用撑裙架及收腹垫臀，就不可能产生雍容富态的形象。舞台服装形体改变的标准以最大限度地贴切角色外部形象、弥补演员本身形体与角色的差距为本。方式上通过造型结构的变化与色彩的处理来完成；结构上体现在空间量的变化，填充附加物；色彩上用视错手段，如深色的紧缩感，淡色的扩充感；面料上轻薄型的流畅形态；粗厚质的凝重呆板等不同效应的运用。

服装要适应人体活动的需要，不能有碍于身体的健康。如足球运动员的服装，要求能适应大运动量的活动需要，要宽松舒适、透气吸汗。而健美操和花样滑冰的服装，它们的区别在于一个要求简洁合体，弹性足够；而另一款服装在此要求上还要有可供欣赏的花样和色彩设计。不同的服装还要适应不同的环境需要。如工作服、职业服、家居服是有区别的，要适应地区、地域的需要，还要适应一定的气候、季节的需要，也要适应一定的年龄和不同文化层次的需要，等等。总之，不同的人在不同的时间、地点、场合，对衣着会有不同的要求。服装要为了适应这些功能而设计。

舞台服装的实用性还体现在它能为其他舞台艺术润色。舞台空间的景块通常是静止的，指示性及符号性极强，而服装随角色的表演而更换款式，为整个舞台造型注进了活力；舞台服装由于面积与色彩的关系，也为化妆造型的说服力奠定了基础。可见，这种"实用"不是狭义上的便廉，而是戏剧广义上的综合协调。

服装的穿着需要具有一定的社会环境和社会风俗习惯。由于社会环境不同，而显示不同的时代风貌。一个人的着装品位，可以反映其社会地位和文化修养，反映出不同的思想、情操和精神气质。人们对于着装的评价，也是一种社会的肯定与否定。

服装是一种无言的社会语言，可以留下对一个人的个性、气质的最初印象。在现代生活中，追求个性、新潮是可以理解的，但是不能没有任何禁忌，要适应不同的时间地点和场合，也要与自己的身份相适应。

每个剧目均有特定的时代背景、民族及性格特征，舞台服装作为

角色装束，必然要昭示这些内含，即角色扮演。从再现层面来看，主要在以下方面。

环境表示是舞台服装再现中的首要意义，通过服装的款式与色彩、附件、工艺手段来揭示所表现的剧目时间、地点、季节、气候、民族、国家、宗教、婚姻状态等。如和服带有披领及挂包，表示春季时节、室外、日本民族；紧身胸衣及衬箍裙打褶，表示 18 世纪欧洲、贵妇、手工缝制；雨衣或湿衣服登台，表示下雨或刚接触水。所有这些即使没有台词、没有背景也能表现人物的环境。

如果说再现环境含有角色身外的装扮意义，那么再现身份就是角色自身的表达。身份再现指角色服装所揭示的职业、地位、财富。如白围裙常常表现纺织女工；警察穿着含有标志的制服；珠光宝气的衣饰表达富有的身价；僧袍表现宗教的意味。尤其是戏曲服装及芭蕾服装，衣箱制的程序化更一目了然地再现了角色身份，如带有令旗的靠衣再现了勇士的身份；紧身衣或短裙再现舞台演员的职业。

服装的款式可以弥补人形体上的不足，美化人的形象。人的体态比例各不相同，如有的人腰位过低，腿短身子长，可以通过提高服装的腰位从视觉上增加身子的长度；脖子短的人可以把领口开低，使视线下移，从而拉长脖子的长度；肥胖的人就不要穿紧身的衣服，宽松的衣服可以遮挡身材。合理的裤型设计可以掩盖妇女突出的腹部；西装通过垫肩胸衬使男性形体更加饱满魁梧具有阳刚之气；旗袍能够恰到好处地显现女性的曲线美，使女性身材更加妩媚动人，这也就是时装设计中所谓的"高贵的单纯"，这种单纯的式样虽然不如西方裙服那么复杂多装饰，但却尤能反映人自身的美，这种美来自于身材和气质，使人感到愉快。现在的服装已不仅仅是用来蔽护身体，它本身具有美的价值，使人更加美丽自信。

角色外层装束不单是为了再现环境与身份，还揭示了所塑人物的性格及内心世界，这是舞台服装再现功能中的重要一环。舞台服装的款式结构与色彩均含有再现角色个性的功能。从款式上来说，一套"海纹领"的白色服装，无论穿在少女身上或青年妇女身上，均有表达这个角色"青春""单纯"的性格定义；西装三件套配上礼帽，观众定能判断这个角色是位成熟而带有传统味的绅士；角色穿上破碎结构的衣衫，观众自然给予角色"破落、贫困"的定义；再从色彩上来看，不同的色彩均揭示不同的性格。如哈姆雷特黑色斗篷披露了他郁伤的内心情感，《仲夏夜之梦》中白色服装将海伦娜纯洁无瑕的品性展示昭昭。

从戏剧美学的理论来看，它有直观与过程的两方面特征。角色的舞台服装同样有横向与纵向的关系，横向体现在每场次角色与角色之间的服装关系，纵向反映在每个角色的独立发展上。以《奥赛罗》为例，奥赛罗每场次均有与苔丝德蒙娜及将领们的关系，他的金质铠甲及黑红两色披风与苔的长裙、将士们的各色外套就构成了主次关系及地位、性格的差异。当剧情发展之后，奥的心态出现妒火而严重不平衡，这里紫色袍、大红睡衣一改前场勇士之风。不难看见，舞台服装的歌颂与贬低、"正面与反面"均靠角色服装的关系来表现。同时，舞台服装也能再现某个事件的产生与发展，如浓烈色彩表达欢庆，白色表达丧哀；整台军服表示战事兴起；教衣登台揭示祭事或神典。

戏剧演出不是大合唱，在角色关系上有主次之分、前后之分、强

弱之分。舞台服装在角色组织安排上有独到的功能。其一，使主角更突出。如用对比色、变化的结构来拉开主角与其他角色的关系，如莎士比亚剧目中，首要将领的甲胄有金、银装饰，与兵士的其他色彩区别开来，使观众在视觉上更注意主角的舞台行动。其二，使其角色身份或性格分块儿陈列。如两大家族用两种款式或色彩，皇朝贵族用金黄色，市民用暗色等等，清晰的形、色分块儿，使角色更为鲜明可辨。

戏剧演出中角色形象塑造的成败，也与舞台服装在角色与角色之间的组织有关，表现在纵横两个方面。以莎士比亚《奥赛罗》的服装组织为例，纵向过程表现在奥赛罗从英勇善战的将帅到多疑、忧郁而富有嫉妒心的丈夫，服装要通过合乎这个情节发展的要求，并揭示这个过程；横向排列表现在各个角色之间的关系安排上，奥瑟罗与妻子苔丝德蒙娜、将领依阿戈、仆人与士兵等人物之间的主次、强弱，要使他们之间的关系合乎分寸，"奥"的力量，"苔"的柔情，"依"的狡诈等，通过不同的服装组织来呈现这个主次与强弱。这种纵向与横向的组织，是舞台服装保证角色形象鲜明的关键。

戏剧美的直观性是戏剧发生学的特征之一，戏剧直观性就是让观众充分领略丰美的外部形象，舞台服装承担了创造外部形象的任务，并与戏剧美学契合。

舞台服饰造型的象征功能可从主、客体两方面来看。作为主体的舞台服装及舞台服装设计师，将"可看性""可演性"的服式形象生动地做了舞台展示，角色的相貌、性格、虚拟的结构与色彩构成了多姿多彩的形式意味。如我国首部原创性大型戏曲服饰意象艺术展演《大羽华裳》，将戏曲中的生、旦、净、丑戏曲行当囊括在内，荟萃京剧、昆剧、地方戏等全国著名戏种，还有水袖、跷功、帽翅功、翎子功、判官吐火等绝活表演，场面宏大，造型精美，故事、情绪、意境……"仿佛兮如轻云之蔽月，飘飘兮似流风之回雪"。如诗如画，如梦如幻，典雅灵秀，魅力无穷。将戏曲服装经再创造后汇集一台，纯粹通过服装艺术来展示外部形象的生动婀娜，这里服装多彩多姿的形态，象征中国戏曲服装文化的灿烂辉煌。同时，作为客体的观众也有对外部形象的心理积淀。如看到珠光宝气的贵妃装、皇帝的龙袍联想到权势与财富；看到青衫红袍联想到士子文人寒窗苦读，志在蟾宫折桂的热切期望，这里"珠光宝气"与"财富"包含了形象性与内心过程的两方面，使戏剧形象的象征功能在直观过程中得以体现。

舞台服装的象征功能在戏曲服装中占重要位置，它以款式与色彩诉于观众的直观情感，是戏曲艺术的程序化与观众心理反映的结合。舞台服装的象征，就是主、客体对服饰共同的心理积淀与评判，而且最终在角色身上反映，对揭示角色有独到的效果。如款式上蟒袍代表统治阶级的礼服，铠甲表示作战服装；色彩上的红脸象征血性与忠勇耿直，白脸象征工于心计及险诈。在中外戏剧史上，服装的象征功能从未消失过，《奥赛罗》中奥赛罗的曳地披风象征着英武善战，为主体客体共同接受；现代剧目中某些抽象的服装形、色，更为舞台服装的象征功能拓宽了道路，在意指、象征中创造剧目的诗情画意。

舞台服饰造型的象征功能还表现在具有渲染气氛、揭示风格、烘托主题等价值。

本着舞台设计的假定、象征，舞台服装也渐渐地向服装形、色的中性化处理靠拢，重气氛、重形式意味，如象征性的服装式样且划一

的群体穿着，通过动态在舞台上达到意欲的气氛，春夏秋冬用四个色块儿（统一的套头 T 恤式样）来烘托时光嬗变的氛围。日本哑剧团的演出用两种色彩的服装（正面与夹里不同）不断在舞台上替换穿着，产生不同环境的气氛。如今，讲究服装气氛的渲染作用已越来越被戏剧创作者重视。

任何艺术形式均有各自的风格特征，每个戏剧形式及舞台样式都有自身的风格顾问。舞台服装以它的具象化、过程化、视觉化直接地参与并表现所创造的剧目风格，是幻觉还是写真，是表现还是再现，是平面构成还是立体组合，是繁纷还是简约，是清晰还是苦涩，是悲哀还是喜庆等等。

在揭示风格的手段上，舞台服装大致依靠三种途径。一是写实性风格，如《理查德三世》以准确的时代考据及性格化处理来产生叙事的真实性；《茶馆》中用 30 年代真实的服装再现使观众可敬可亲。二是中性化风格，即没有明确的时代背景轮廓，求类型化、写意化，近年来的探索性剧目均在服装上应用之。三是写实性与中性的结合，与剧目正常叙事并插入幻觉或唤起联想密切结合，如《大相春秋》中的角色基本用史实性写实服装，当表现竖玉烦乱心境时插入抽象的中性服装，使舞台形式生动活泼，在真与假、虚与实中发展。（图 6）

舞台服装结构上的造型线及色彩也能明确地烘托主题，使剧目主题一目了然。如黑白、红白、蓝黄系统将冲突性显示出来；同类色的渐变处理将平和性展示出来；划一的运动服装将动态化意图显露出来。任何一个明智的剧作家或导演、设计师均必须考虑舞台服装的形、色对主题的作用，因为舞台服装本质上具有通过象征来烘托主题的功能。

图 6　话剧《大相春秋》中的竖玉　徐丽慧

　　舞台服装有唤起联想的特征。它的联想因素属于戏剧艺术象征的范畴，角色服装造型的假定性（表意）必然给观众以思考的成分，从形象感知到深层思考，再让思考促使感知升腾，在此迂回反复。这种联想包含观众对过去经历的追忆及对时代、历史、性格的鉴定，例如"花翎""补服"，观众自然联想到清代官职身份；"交领""袍服"的式样，观众能认定为中国传统服式。联想的另一方面，舞台服装也能唤起观众对戏剧艺术家的理解，如舞台上象征性的色彩、划一的几何形结构服式，观众并不认为生活或某时代式样如此，而是联想到这是戏剧艺术家的刻意求新。

第二讲
舞台服饰造型的美学

　　"美学就是以审美经验为中心，研究美和艺术的学科。"美学一般分为基础美学（包括哲学美学、心理学美学、社会学美学）、实用美学和历史美学（包括美学史、审美意识史、艺术风格史和艺术哲学史）。服饰美学属于实用美学，服饰美学的定义是以审美经验为中心，研究服饰形态美及其设计性的学科。

　　美学原理对于服饰的审美作用使人们能够从心理学角度分析其存在的魅力，即不同色彩、造型和风格具有不同文化内涵的服装，能给人们带来不同的印象并获得不同的审美价值。此外，也可以从美感的产生所引发的社会效应来分析服饰与人们的生活方式和消费结构的关系。审美可以研究服装与各艺术流派之间的关系，特别是借助于其审美观不同所形成的服装流派，扩张服装的文化氛围。一件衣服或一件佩饰品，在正常场合下穿着，都要首先表现出美来。服装审美的一般规律，首先要突出鲜明的个性特征。黑格尔曾说过一句名言："美是理念的感性显现。"黑格尔所谈到的美，不是自然美，而是艺术美。因为

艺术对自然的反映，同科学抽象认识事物有着本质的不同。科学是对客观事物规律的认识与掌握，艺术则是对自然（包括社会）形象的捕捉、再现与再创造；艺术思维本身就不像科学那样透过现象掌握本质，从众多个性中去寻找一般的规律（即共性），艺术家是对个别的、偶然的、活跃的形象或现象感兴趣，然后去进行设计，使其成为生动、具体、特征鲜明的、可视、可听、可知、可触、可嗅的艺术形象。其次，服装审美要符合时代潮流，对于任何艺术来说，只有个性是不够的，还必须有共性。人们由于生活在不同的时代，必然受到同一时代文化背景的制约。也就是说，服装设计者必须使自己的作品风格与时代潮流合拍，因为艺术个性要受到艺术共性制约，然后又突破共性。最后，服装设计要能够激发起人的最大限度的审美感受。服饰形象或简单地说到服装，不能只像其他艺术品那样只供人欣赏，因为它毕竟还要穿在人身上，使服装以一种服饰艺术的形式出现，其中就包含了设计艺术性和穿着艺术性，这与人的生活密切相关。要把深奥的美学理论通俗化，也只有服装才能够体现，因为这是关于衣与人的哲学，是设计师设计思想在服装中的体现。

一、舞台服饰造型的形式美原理

舞台服装设计与其他艺术门类一样，以追求形式美作为其目的之一。美的形式法则是创造美的原理，要将这美的原理融会贯通，使其成为设计的独立性语言。服装的审美由造型、色彩、面料三者构成，同时服装的审美还有赖于人体，而且又随着舞台环境、人物的动作和语言的演绎变化而变化，从而形成舞台服饰造型的独特艺术语言。服装构成往往以这些形式美原理为出发点，即从比例、平衡、节奏、统一和协调、强调等这些基本概念出发，进行设计构思创作。

1. 舞台服饰造型比例与分割的运用

比例的基本法则在初期是由埃及人和希腊人从数学的观点出发设立的。后来帕提农神庙建成后，这一比例规则成了完美的标准，它就是黄金分割比例，如果把这种比例恰当地运用于服装设计中，将会出现比较理想的视觉效果。例如，服装的上装和下装的比例分配，夹克的约克线往往要产生在中心线的上边或下边。省道不要按长方形外形来取，要取在不同的位置上，以使分割的面积不同。由于裙子和衬衣的省向身体的中心靠近，因而改善了身体的比例，使女性的腰看起来更细。服装美学的比例关系主要有三种形式：黄金比例、渐变比例、

无规则比例。这些比例关系在服装中的表现有三：一是服装造型与人体的比例；二是服饰配件与人体的比例；三是服装色彩的搭配比例。（图7）

分割线，又称开刀线、剪辑线。分割是指根据设计需要对衣片进行分解。通过分割丰富服装的外观，借助视错原理改变人体的自然形态，创造理想的比例与完美的造型。

舞台服饰造型应具备适体性、可动性和操作性。衣服在造型上依据人体静止时的外部形态结构，衣服与人体有一定空间，满足适体性；人体因运动使身体变形时，服装需要放松度，满足其可动性；人穿脱衣服时的难易程度及穿用过程中的自由程度是其易操作性，对衣片不同形式的分割能很好地满足服装的这些特性。由于服装兼具审美的功能，舞台服装设计更多的是把这些分割转化为审美装饰与造型功能兼具的线条，通过这些分割既能符合人体造型，也可改变人体的通常形态。服装分割线运用得高明、得当，是产生优美服装造型的关键，在舞台服饰造型设计中，分割线设计能为穿着者创造尽善尽美的造型，充分体现人体美，体现角色的特色。

2. 舞台服饰造型对称与均衡的运用

平衡是人的视觉生理要求，也是美的视觉需求。在舞台造型设计中涉及的平衡内容要复杂得多。平衡又分为对称平衡和不对称平衡（也称作均衡形式）两种。日常服装以对称平衡居多，这是因为人体是左右完全对称的，但是人体又是运动的，通过人体的运动，即使穿着

图 7 民间芭蕾舞剧《三角帽》中的塞尔维亚女人
[西班牙]巴勃罗·毕加索(Pablo Picasso)

左右对称的服装，也会在人体的运动中产生左右不对称的均衡的视觉。但是，人们往往为了满足追求个性和美感的需求，在款式设计上追求不对称的美感，如回转对称、局部对称，等等。通过对色彩、造型等不对称手法的处理，取得均衡的效果。如西装上衣口袋的设置采取了均衡的形式，局部的不平衡仍可取得整体的平衡。在舞台服饰造型设计中，对称的形式，造型显得庄重、肃穆；非对称的形式则显得活泼、富于动感。

3. 舞台服饰造型节奏的运用

节奏这一名词来源于音乐，就是重复或重复的规律性。节奏就是有规律的反复，设计中的节奏，可以使人愉快，让人感到平衡，分割线的有规律的反复就形成了节奏。如织物上柔软的褶所形成的装饰线，会给人以流水一样的连续的感觉；在优雅而悬垂的雪纺纱的细腻的褶中，我们会感受到平静而又威严的复古节奏；挺括的棉织物的褶立体感很强，并充满生机，让人感到像是在一场舞会的气氛中。

舞台服饰造型设计中的线条、形状、色彩都会通过有规律的重复产生视觉上的节奏感。其表现形式再三地重复，自然而然地就具有了规律性。在节奏中根据规律的不同，又分为有规律的和无规律的两种。节奏表现的方法有多种，如裙子的褶边，纽扣的排列，领口的褶皱镶边，色彩的渐变等；纽扣上下排列可形成反复，拉链可形成优雅的曲线，裙子的层叠和花边能形成渐增的节奏。在舞台服饰造型设计中考虑线条的应用和搭配，是服装节奏的主要体现，还有色彩的节奏是通过色相、明度、纯度、形状、大小、位置等方面的变化而表现一种规律性的运动感。

　　有规律和无规律的重复表现在多方面。有规律性的节奏体现在设计中为等距、等大有规律的重复。无规律性的节奏体现在重复的间距大小不一，产生活泼的效果。等级性节奏是按等比、等差的关系作等级变化。各部位体积变化产生节奏。结构线形成的节奏组织，是以结构线规则和不规则变化而形成的。三种以上的面料色彩搭配形成节奏。节奏可以像音乐节拍一样富有韵律感，好的服装也会像音乐一样具有优美的节奏。

4. 舞台服饰造型对比与调和的运用

　　调和含有协调、和谐、统一的意思，指一个整体中的各部位、各元素之间的视觉关系，是统一与变化的关系。在绘画中有一种说法是："统一中找变化、变化中求统一。"变化是对比形式的运用，是统一的反义词，往往是在服装设计中，缺少变化的款式会显得沉闷单调；而变化过度缺乏统一，又显得杂乱无章。事物中都存在这种互为不同性质的并列，如轻重、曲直、长短、冷暖、强弱等。对比是为加强艺术的感染力，使舞台服饰造型更具有吸引力，能够更好地表现角色。

　　在舞台服饰造型设计过程中，变化的手段在具体应用中，多用材料质感对比、面积对比、色彩对比等方法，可在整体的基础上产生视觉的美感。而"统一"则指完整或整体性效果。在设计中根据不同要求，正确处理好统一与变化的辩证关系，是构成舞台服饰造型设计的

主要因素。为了达到此种效果，则需要把质料、色彩、廓型、设计细节等等考虑进去，达到协调的效果，使舞台服饰造型既有整体效果又有丰富的变化，达到完美的状态。

在舞台服饰造型中的对比，其一是不同质地的肌理对比。就是运用不同质地的材料，采用适合的分割线，在已确定的外形的基础上，进行拼接、搭配、组合。其二是同一质地不同肌理的组合。用同一种质地原料而产生不同肌理的材料。如纯棉质地，有平纹布、条绒、毛绒、哔叽等等，进行适当的分配，用优美的分割线将其组合，形成丰富变化的视觉效果。其三是同一材料不同经纬的搭配。根据材料的经纬拉力或弹性不同，设计中运用线条的组合使材料的经纬优势得以充分发挥，并根据人体动作需要发挥其作用，以此达到设计的效果。例如，针织面料的弹性跟织物的经纬方向有很大的关系，利用面料的这一特性在不同的部位收缩能达到很好的效果。

5. 舞台服饰造型强调的手法

强调是突出服装款式某个部位从而获得最佳效果的设计方法。强调是对某一局部的重视，强调会使人的视觉关注重点部分形成视觉中心。为烘托主题，加强某一部分，达到强化整体的效果。为了使设计更加完整和丰富，任何设计在从整体出发的同时，都要设定和强化某一点或某一部位，这也称为服装款式设计的中心。舞台服饰造型的中心常常只强调一个重点，因为如果同时有两个重点，那么人们的视线就会在上面犹豫不决，若有多种要素需要选择时，只能表现其中最重要的一个视点，其他要素则属于从属地位，只起烘托作用。一般来说，多强调人体的颈、肩、胸、腰部。可通过色彩、材质、技巧、造型、装饰来取得强调的效果，如服装中的纽扣、标志、图案、拉链、腰带、丝巾及其他装饰物，等等。

舞台服饰造型设计中采用的强调方法约有三种：一是风格的强调，如东方风格、现代风格、古典风格等；二是功能性的强调，如宽松、轻便、连体等；三是人体补正的强调，主要是加强某一部分，以弥补其不足。

6. 舞台服饰造型视觉与错视的应用

在日常生活中，由于受到外来现象的干扰，人们的视觉得到的判断与客观事实不一致，对原有的物体产生了错觉和变形，称为视错。折线具有扩张感，由于它的影响和干扰，两条平行线出现曲线变化的错觉。可见视错原理构成的图形给人一种特殊的视觉和心理效果。利用这种现象作为构成服装形式美的创意技巧和设计手法，有助于创造设计出更加完美的作品，有助于强调服装美感。人体是可以通过服装改善其形象的，线条的垂直分割、水平分割、斜线分割等，能调整整体效果，如 V 形领的锐角可在视觉上拉长脖子的长度；暖色、亮色具有扩张感，在视觉上使穿着者显得丰满；冷色、暗色具有收缩感，使穿着对象显得苗条修长；还有，光滑的面料比蓬松的面料显得更加细长、柔顺。

二、舞台服饰造型的基本要素

点、线、面是舞台服饰造型的基本要素，在款式构成中的作用极其重要，任何服饰造型都必须通过点、线、面来表现，将点、线、面作不同的运用，将构成不同的服装款式。一粒纽扣与一排纽扣、双排扣形成不同的点的外观效果；省线、分割线、机缝线会形成不同的外观线的效果；面有前面、后面、侧面等视觉效果，这是服装的局部构成形式。

1. 舞台服饰造型点的运用

舞台服饰造型上的点不能单独使用，它必须结合线和面混合使用，服装中的点是用具体材料制作出来的，具有点缀、实用两种功能。点的排列形成线迹能引导视线。点是具体的、局部的，与服装外形相比是较小的形，如纽扣、胸花、腰扣及小装饰纹样，是实用的体现。但其又具有很强的装饰性，多用于胸前、袖口等位置，起强调、加强位置的作用。点的使用要符合局部服从整体的原则，不要过多、过乱，以避免杂乱无章。在多点运用时，要有规律地运用，如一排等距离的扣子；一片有规律有节奏点的装饰等，这些由点构成的线和面，起到增强节奏的作用。

2. 舞台服饰造型线的运用

舞台服饰造型上的线，是在服装体面的基础上结合点、面使用的，使部分面的形体被强调，从而起到明确体形轮廓，增强动感或静感、下垂感、向上感、节奏感等作用。在服装中有实用、装饰的作用。较明显的实用线是叠门线，较明显的装饰线是牛仔裤中的双明线，还有集实用与装饰于一体的公主线。另外，插肩袖线、夹克中的分割线也都有不同的性格表现力。

粗线，也称双明线。给人的感觉是厚重强烈，装饰感极强。

细线，给人轻快、敏锐的感觉。

垂直线，右侧缝线、公主线、裤缝线等，具有苗条、单纯、清新的感觉。

水平线，有育克线、分割的横线等，含有安定、平稳、庄重的感觉，一般用在男装，表现其严肃、稳重的感觉。

斜线，活泼、轻盈、具有动感；倾斜角度与运动的速度感是有关系的，设计中要有理性地推出部位与大于90°或小于90°的关系，如插肩袖和西装领的斜线。

曲线，有流动和速度的感觉。奔放、柔和的特点以曲线的变化形式而定。另外，现在用途上有轮廓线、结构线、装饰线的区别。

3. 舞台服饰造型面的运用

舞台服饰造型上的面，是直接表现服装结构的基础要素，点和

线都必须依附于面而存在。面有正面、背面、侧面之区别，也指某一局部呈现的方形、圆形、三角形、自由形等。运用不同形的面、不同大小的面、不同色彩的面、不同角度的面，分割和组合就构成服装的形体。

方形，是男装多用的形状，从肩到口袋的形状，给人以庄重、平稳的感觉，一般表现在正装上，如西装、中山装、便装等等。

圆形，女装多用圆形，如古典的泡泡袖，圆底摆裙、吊钟裙，还有大圆领，门襟圆的下摆，给人柔和娇美的感觉。

三角形，多用于礼服、现代的前卫设计。将人体的部分呈三角裸露，突出性感，或者通过运用色彩、款式与造型，体现鲜明的视觉形象。（图8）

三、舞台服饰造型的款式

服装款式是舞台服饰造型的重要因素，款式体现服装的功能，款式决定服装与众不同的个性。款式、色彩和面料是构成舞台服饰造型的三大要素。

舞台服装款式是由服装的外部轮廓和内部细节变化组成的，它常常以款式图的形式来体现。款式图的绘制，要求线条简洁明了，结构

图 8 民间芭蕾舞剧《三角帽》中的少女
[西班牙] 巴勃罗·毕加索（Pablo Picasso）

合理，比例准确，细节装饰符合人体工学，特别是在服装生产企业，服装设计效果图与款式图以及裁剪图是一个完整的设计方案。在制作过程中，借助款式图来传达设计意图和指导工艺，确保舞台服饰造型的工艺质量。在绘制服装的款式图时，要注意线条的粗细，实线和虚线的运用，以及口袋等细部装饰的合理布局。一般来说，构成服装的外部轮廓和内部结构线，如外型线、分割线、省道线、领子、袋口、门襟等部位要用粗实线，而装饰明线用细虚线来表示，让人一目了然。款式图不需要画太大，只要线条能表达清楚即可。

舞台服装的款式图包括正面图、背面图和局部图三个部分。款式图不同于服装效果图，有的服装效果图必须在旁边画出款式图，才能使人领会设计师的意图。随着现代计算机技术的普及，人们可以直接在电脑上绘制出款式图，并在电脑上进行色彩、面料和款式的搭配变化，直接用款式图代替了服装效果图，起到了事半功倍的效果。

对于舞台服饰造型设计师来说，有时灵感一触即发，需要迅速地记录下来，随手一支笔，一个记录本是必需的，通过简单地勾勒款式图，记录随时的灵感构思，一款新的舞台服装就由此诞生了。一个好的构想，需要画无数个款式来进行比较，反复推敲，那么，款式图的运用是最快捷的方法。一个设计师所要表达的设计，如果仅靠设计师来描述，十个听众会有十种不同的理解，这说明每个人的表达能力和理解能力是完全不一样的，而款式图是不需要任何语言来描述的，打版师可以据此作为打版的依据，工艺制作师根据自己多年的经验知道该用怎样的工艺去制作比较合理，各个部门相互协作，相互配合，从而制作出符合预想的舞台服饰造型。

任何舞台服饰造型都有其一定的比例，尤其是舞台服饰造型的款式比例，复杂多变又层出不穷，难以一一描述。但是，人体的形态比例是较为固定的，一些常见的服装如：西装、夹克、衬衣、连衣裙、裤子等等，形成了一定的比例规律，这就为我们提供了基础数据。我们可以把这些服装的比例作为基本比例来掌握，然后灵活运用，那么也就掌握了其他款式的特殊部位的变化，进而掌握所有款式的比例。一般男上衣是以肩宽为比例单位，衣长为 1.6 肩宽，袖长为 1.4 肩宽，短袖为 1/2 肩宽，腰节在 1 肩宽稍下，领围约为 1/3 肩宽，衣摆为 1 肩宽左右，大兜口在衣长的 1/3 处与最下扣平齐，小兜口在肩至腰节位 1/2 处，与第二扣平齐。

一般女上衣也以肩宽为比例单位，衣长为 1.5 肩宽，袖长为 1.3 肩宽，短袖为 1/2 肩宽，腰节在 1 肩宽左右，领围约为 1/3 肩宽稍宽，衣摆为 1 肩宽稍宽，大兜口在衣长 1/3 处，与最下扣平齐。一般的长裤、裙长比例，以腰宽为比例单位，裤长男的为 3.5 腰宽，女的为 3.5 腰宽稍长，一般裙长以膝位为基础，长度分为膝上、膝下、膝平等，宽度随款式而定。

正面款式图具有平展、对称的特点，即使不是绝对对称，左右也大体相同。这样可以左右参照着画，背面款式图用来描绘服装的背面形态，起到辅助说明的作用。局部图是服装局部的细致描绘，整体款式图是由各个局部构成的，各个局部又是整体的细部特征，因而不掌握局部的画法就很难画出完整充实的整体。画款式图时，不用画透视，也不用画人物的形象、姿态和动作，只需用平面的表现法，画出平面的款式图。重点放在款式的变化、比例的变化和点、线、面的组合，

以及一些细部的装饰上。款式设计要超前新颖，大胆创新，需要摒弃一些陈旧的观念，进行必要的思维训练。

四、舞台服饰造型的外型设计

舞台服饰造型的外部造型，指服装的外在形状，它属于一种立体构成形式，加上色彩，也可称为色彩构成。服装面料经过设计可构成一种形态，附着于人体即形成"软雕塑"。

舞台服饰造型设计的程序往往是从灵感到创意，创意决定外型，然后是色彩、线型分割这样一个由外到内的过程。服装的外型是由字母、自然物和面料特性三种形式来体现的。

1. 由字母体现的

由字母体现的主要有 X 型、V 型、H 型、A 型四种基本类型。

X 型是指通过肩、胸部和衣裙下摆的夸张、腰部的收紧，使整体外型呈上下部分大、中间小的类似字母 X 的造型。X 型与女性身体的优美曲线相吻合，可充分展示女性魅力。

V 型是指通过加大肩部，并收缩裙摆，使其外形向上、向两侧伸展，呈字母 V 的形状。V 型服装颇有阳刚之气。

H 型是一种平直廓型。弱化肩、腰、臀之间的宽度差异，外廓呈矩形，又常常突出腰线的位置，使整体形似字母 H。它有挺直简洁之感，适合中长类的大衣外套等。

A 型是一种平直造型，适度地上窄下宽的造型。收缩肩部夸大裙摆而造成一种上小下大的梯形印象。

此外，还有 O 型、Y 型、S 型、T 型等造型。

2. 由自然物体现的

自然界中的事物是创作的源泉，能启发设计的灵感，当一种自然型应用于服装，会给人们的生活带来一种回归自然的亲切感受。有帐篷型、倒三角型、酒杯型、郁金花型、盒型，等等。

3. 面料的塑造形态产生的廓型视觉

服装借助于面料的塑造将人体包装，设计师根据不同的材料特性来塑造形态，如针织面料的弹性，丝绸面料的柔顺，粗纺毛呢的挺括等等。三宅一生的"皱的艺术"是一种比较典型的面料的塑造状态。服装的廓型可以表现出不同的视觉效果，比如年轻的、轻快的、平静的、活泼的、优雅的、古朴的等。

"年轻"的外形，收腰、紧身、比例适中是其外形特征，可感受到青春气息，显得生气勃勃。

"通俗"的外形，该外形中庸，线条平直，属基本式造型，无论何种体型都可以穿着，不过造型易重复，但无论何种体型穿着都可以给人以平稳、严谨而能够超越年龄界限的感觉。整体外形给人以柔美、优雅的感觉，适合成熟女性穿着。

"夸张"的外形，大胆、奇特，视觉效果强烈，具有现代感，适合于追求另类感觉的女性穿着。是一种能够成为视觉中心的服装，着装者心理上也有一种希望"回头率"较高的要求。

当今舞台服饰造型对服装的颈、肩、胸、背、腰、腹和臀以及全身的处理都大量采用点、线、面和色相、明度、纯度等在平面和空间的分割、对称、平衡、韵律、单位与群化以及三次元的表现方法。同时，有目的地运用各种纽扣、拉链、线迹、绳带和装饰物构成来实现在舞台服饰造型的表现。

为了对舞台服饰造型进行进一步研究，就必须对服装的局部变化进行分析，找出一些变化的规律，特别是领形的变化，因为领形的变化在服装款式变化中是最多的，也是比较重要的，是服装款式变化的重点。

五、舞台服饰造型的内部分割设计

舞台服饰造型的内部与外形轮廓同样重要，廓型是整体，线形是局部，只有精美的细节才能构成完美的服装。服装的美需要局部来构成，如领、肩、胸等部位，与此相呼应的是服装内部的分割线的设计，包括结构线和装饰线，以及分割线等。

1. 舞台服饰造型结构线

舞台服饰造型结构线包括省道线、公主线、肩袖线、各类分割线和褶裥等内部结构线，将服装面料依据人体的起伏分割成多个形块，缝合后形成的线成为结构线，胸省线是女装为塑造胸部的凸起而设计的胸部结构线，腰省线是为了塑造胸围和腰围的差而设计的结构线，服装设计师往往借助结构来展开设计形成特色。

在设计过程中，结构线的作用是将服装的外形，用内部结构线来处理与人体的关系，使内部结构与外形轮廓相协调。每一条结构线都对外轮廓的完美实现起着帮助和烘托作用。

2. 舞台服饰造型装饰线

装饰线分为立体装饰线和平面装饰线两类。

其一，立体装饰线，有规律的褶裥；有多层褶边或荷叶边相互穿插形成的线；立体花结所形成的线。

其二，平面装饰线：镶边、嵌条、刺绣；不同宽窄的边条同服装相拼相嵌形成的线等。

3. 舞台服饰造型分割线的种类

由于舞台服饰造型必须具有适体性和由运动而产生的动作适应机能，衣片的分割线的设计成为款式设计的重要组成部分，服装的分割可分为装饰性分割线；有时是功能性的，即功能性分割线；多数情况是兼具审美与实用的，即综合性分割线。

（1）装饰性分割线

舞台服饰造型中装饰性分割线主要是指由于审美视觉的需要设计的分割线，它在服装中主要起装饰作用。在不考虑其造型要素的情况下，装饰分割线可以通过位置、形态、数量的改变表达出活泼、秀丽、柔美、精明、粗犷等不同的服装面貌。它是借助于形式美的构图法则，利用线条的不同视觉心理，来构成服装的情调。

舞台服饰造型装饰性分割线常用于一些宽松式造型，如夹克衫、牛仔服、T恤、服装皮革等。也包括褶线、嵌线、缉线、镶线、边线等。线条是传递情感的手段，通过装饰性分割线形成一种旋律，产生节奏感，来表达服装的情感，要使设计的服装美观、和谐，要注意运用装饰性分割线作为点缀和调节，这样有助于完善服装造型整体美，使服装上下均衡或对某一部位强调突出，可起到构成款式造型的作用，使服装增添艺术魅力，又能弥补穿着者体型上的某些不足，使服装穿着时起到调节作用，是构成服装整体美的重要组成部分。

（2）功能性分割线

舞台服饰造型功能性分割线的关键是将省巧妙地融于分割线之中。

因为人体的起伏变化，于是就产生了省。而功能性分割就是将省去掉而缝合后产生同样的效果。如男士后肩的约克，就是将省合并而形成的。这是一种比较典型的横向分割形式。在服装的结构设计中约克有各种各样的形状，约克的形成有利于在视觉上产生稳定性和平衡感，同时又使后肩省暗含于约克的底线中。又如：女装结构中的"公主线"分割。这种分割不仅能突出胸部，收缩腰部，扩大臀部，体现服装的曲线美，而且能以简单的分割取代复杂的省道制作与归拔工艺。不但美化了服装的外观，而且还简化了生产工艺，提高生产效率，是成衣设计中比较理想的结构形式。

（3）综合性分割线

舞台服饰造型综合性分割线既有审美功能又有实用功能，即是装饰性分割与功能性分割的集中体现。在设计中运用比较广泛。装饰性分割可以按照几何形作自由组合，它的形状及位置没有固定的格式，可以充分发挥设计者的想象力；功能性分割必须按照人体结构或部件造型来定位；而综合性分割除了涵盖上述两种分割的特点外，并与各

个部件的造型、位置、比例相联系，从而形成千变万化的服装样式。

功能性分割线是舞台服饰造型的关键，通过这些分割，既能符合人体造型，也可改变人体的通常形态，而创造出新的形态，使舞台服饰造型显得轻盈、活泼、有动感。这些线在服装中通常表现为分割后缝合，主要是指满足服装适体的结构线，如省道线、开剪线；分割后连接的线，主要是指满足服装操作性的功能线，如门襟；分割后不缝合的线主要是指满足服装可动性的功能线条，如开衩。

开剪线为分割后缝合的线，在舞台服饰造型中，最常用的是从肩部开始，连接腰省作纵向分割，即公主线分割，还有在胸前及背后作育克式的横向分割，在腋下开始的弧线分割，从左到右的斜向分割或纵横交错分割等。在作分割衣缝处理时，部位的选择很重要，尽可能与人体的体型变化和服装的省缝位置连在一起考虑。

以上舞台服饰造型分割线在实际运用中并没有明确的界限，可以综合使用。在进行分割设计时，不仅要注意线条自身的形状与特点，同时还要注意线条所构成的形，是否与设计的风格相统一。了解各种舞台服饰造型分割形式的特点及视觉心理，可以结合款式及功能要求，赋予服装以"情感"，从而使作品得以升华。

人体是舞台服饰造型变化的中心，人体的体形结构成为服装分割线设计的依据。任何变化都是围绕这一中心展开的，从原则上讲，只要是围绕这一中心，任何造型上的变化都是可以的。人体成为主要的被研究对象，衣服以穿着为第一目的，人体是立体的，服装的分割先要考虑人体曲线的变化。正如我们所讲的女体的基本形是 X 型，男体的体形是 T 型，这是一个大的概念。若要依据人体完成基本的塑造，

必须运用舞台服饰造型分割线的原理，但是人体是服装分割线借助的基础造型。

人的生活是在不停的运动中进行的，由于不同的动作需要，产生了不同的人体动态，服装分割的另一特征，就是服装设计必须考虑到人体的运动规律、形态及运动特点，由此来考虑服装的生理机能，这就要求服装分割线必须满足人体运动需要。如旗袍的线条简洁又不失细腻的变化、胸部变化丰富的省道线，腰胯部连续起伏的弧线都恰到好处，斜门襟线又打破平稳对称，造就了修长合体的外形，但却并不碍于行走，下摆高高的开衩，使流畅的直线在动静中一张一弛充分展现出女性的婀娜风采。

同时，即使人体在静止不动的状态下自身也在进行不停歇的生理运动，如呼吸、血液循环等，服装分割线的处理必然影响服装功能，影响人体自身运动，人体的这种动静结合，相应地使服装在动静中形成不同空间的轮廓线条。如大衣悬挂在舞台上呈现静态轮廓，包括肩线、腰线、臀线等都较为平直，如果人物对其动态展示时，肩、腰、臀线等由于人体走动变得不再平行，衣摆成伞形张开，并出现许多自然褶皱线，出现截然不同的效果。所以，只有考虑动静状态的线条变化，才能保持和谐统一的美感，舞台服饰造型分割线必须与动态配合在一起，才能有生命力。

解决舞台服饰造型分割线与人体特点、人体运动相协调的关键在于，设计者必须具备相关的人体与服装构成裁剪方面的知识，熟悉各类服装平面分解与立体分解等，如此才能做到量体裁衣，适时裁衣，正确运用分割线，设计出美观舒适的服装。

　　如果舞台服饰造型脱离了材料，衣服也就不存在了，服装的分割线往往随材料的质地不同而变化，同一款式的服装，用丝绸织物制作的，与用毛呢织物制作的，服装的分割线条效果会截然不同。服装材料本身的原料种类，使得其光泽感、质重感、轻薄感、飘逸感、悬垂感等各异，并各具特色，这与分割线的表现有很大的关系。因此要掌握材料的特性，灵活运用分割线的优势，进行创造性的设计。

六、舞台服饰造型的设计思维

　　舞台服饰造型属于物质文化领域，又属于精神文化领域，它是艺术与技术的完美结合、是科学与艺术的完美融合、是实用与审美的完美统一。一部舞台服装发展史，实际上就是舞台艺术与技术的创造史。因此舞台服饰造型设计是一项复杂的思维系统过程，舞台服饰造型的艺术创造既需要形象思维，又需要抽象思维；既需要有独特的创新想象力，又不能脱离人体、制作工艺、面料、色彩等这些现实条件的制约以及舞台的检验等等。因此，作为一名舞台服装设计师，应该具有高度的想象力和创造力，能够掌握服装设计的思维方法，创造出新颖且实用的服装款式。

1. 舞台服饰造型逻辑思维

　　舞台服饰造型的逻辑思维不是以事物的形象为基础，而是以客观世界的规律、共性与本质为内容的思维活动，因此逻辑思维是形象思维的基础与前提。逻辑思维（也叫垂直思维）是人们在认识过程中借助于概念、判断、推理反映现实的过程。它与形象思维不同，是用科学的抽象概念、范畴揭示事物的本质，表达认识现实的结果。逻辑思维是一种确定的，而不是模棱两可的；前后一贯的，而不是自相矛盾的；有条理、有根据的思维。在逻辑思维中，要用到概念、判断、推理等思维形式和比较、分析、综合、抽象、概括等方法，而掌握和运用这些思维形式和方法的程度，也就是逻辑思维的能力。例如，舞台服饰造型是为人服务的，舞台服饰造型设计师必须从人体的比例、人体的构造、人体的生理对服装的要求等进行思考。在设计舞台服饰造型时还要考虑到社会、环境等因素对服装的要求。在生产制作过程中还要考虑经济和实用的因素，舞台服饰造型设计师应将成本作为重要的思维因素，为自己的舞台服饰造型限定成本，然后发挥创造力。

2. 舞台服饰造型形象思维

　　舞台服饰造型形象思维是舞台服饰造型艺术家在创作活动中从发现和体验生活，到进行艺术构思、形成艺术意象，并将其物化为艺术形象或艺术意境的整个过程中所采取的一种主要的思维方式。

　　舞台服饰造型设计师通过对客观世界的观察，将无数形象在头脑

中储存起来形成表象，设计舞台服饰造型时再将记忆中的这些表象经过分析、选择、归纳、整理，重新组合成新的形象，这便是形象思维的全过程。

形象思维的运用要有先进的舞台服饰造型设计观，要有丰富的想象力和创造力，而不是简单地模仿、抄袭，创造力原本是一种潜能，要靠后天的培养将其调动出来。

头脑风暴法又称智力激励法、BS法、自由思考法，是由美国创造学家A.F.奥斯本于1939年首次提出、1953年正式发表的一种激发性思维的方法。对新产品的设计他提出了以下问题：

（1）目前的产品，稍加改变，能有新的用途吗？

（2）能否借用别的经验或发明？

（3）能否对产品加以改变？如色彩、形式等？

（4）能否增加一些东西？

（5）能否采用代用品？

（6）能否相互替换？

（7）能否把某些东西颠倒过来？

（8）能否进行组合？

"头脑风暴法"是一种创造性头脑互动的组织形式，一组人员运用开会的方式，不受约束地加以思考，相互启发主意、想办法，遇到人人皆才穷计短出现暂时停滞时，可采取一些措施，如休息几分钟，自选休息方法：散步、唱歌、喝水等，再进行几轮脑力激荡。或发给每人一张与问题无关的图画，要求讲出从图画中所获得的灵感。根据课题和实际情况需要，引导大家掀起一次又一次脑力激荡的"激波"。

如课题是某产品的进一步开发，可以从改进产品配方思考作为第一激波、从降低成本思考作为第二激波、从扩大销售思考作为第三激波等。又如，对某一问题解决方案的讨论，引导大家掀起"设想开发"的激波，及时抓住"拐点"，适时引导进入"设想论证"的激波。要掌握好时间，会议持续 1 小时左右，形成的设想应不少于 100 种。但最好的设想往往是会议要结束时提出的，因此，预定结束的时间到了可以根据情况再延长 5 分钟，这是人们容易提出好的设想的时候。在 1 分钟时间里再没有新主意、新观点出现时，智力激励会议可宣布结束或告一段落。

3. 舞台服饰造型逆向思维

舞台服饰造型逆向思维即我们通常所说的"倒着想"或"反过来想一想"。逆向思维是在舞台服饰造型设计中能够进行大胆创新的一种思维方式，是在正向思维不能达到目的或不够理想时的一种尝试，它们并非一种完全的正与负的关系。在舞台服饰造型设计中，我们可以运用逆向思维来突破常规思维无法解决的问题，凡是非正向或偏离正向思维的思维方式都可以统称为逆向思维。人们想象力之丰富，已经不允许舞台服饰造型的形式千篇一律。从服装发展史来看，时装流行走向常常受到了逆向思维的影响。当装饰过剩、刺绣繁杂的衣装和沉重庞大的假发等法国贵族样式盛行时，人们开始反思，把目光向田园式的装束及朴素、机能化方向推移。当巴黎的妇女们穿惯了紧身胸衣、笨重的裙撑和浑厚的臀垫时，人们开始从造型简练、朴素、宽松中体

验一种清新的境界。就如裙长的变迁，法国设计师安德莱·克莱究把拖地的长裙改为短裙，又把短裙裙长缩短到膝上5厘米，而后设计出迷你裙，勇敢地向高级时装领域传统禁忌挑战，成为历史性转折。舞台服饰造型设计师也往往运用逆向思维的方法进行艺术创作。如毛衣上故意做出破洞，剪破几个口；衣服毛茬暴露着，或有意保留着粗糙的缝纫针脚，露出衬布，保留着半成品的感觉；重新放置了袖笼的位置，把人体的轮廓倒置；把一些完全异质的东西组合在一起，就像将极薄的纱质面料和毛毯质地的材质拼接起来，将运动型的口袋和优雅的礼服搭配在一起等，这些都是舞台服饰造型的摩登样式。这种舞台服饰造型潮流在与传统风格较量中逐渐被人们所认识和接受。人们从中感受到了"逆向思维"设计的魅力。

舞台服饰造型的变化与创造，是舞台服饰造型设计思维中的一部分，它必须服从服装设计思维的整体需要。如《满城尽带黄金甲》的人物造型设计是从中华民族古老的图腾——龙与凤为灵感来设计的。龙鳞状图案和柔美羽毛的独特搭配，柔美跃动，曲线流畅，动静之间，刚柔兼济，将龙的高贵、霸气与凤的华美、灵秀，演绎得淋漓尽致，展现出独具东方风情的神秘与性感，体现了东方"天人合一"的精神，用西方的造型手段达到东方美学相融相合的意境，同时还融入了中华传统建筑"以繁为美"的精神。可见，舞台服饰造型设计思维是通过款式来展现的，而服装款式是由服装设计思维、立意所决定的，二者关系密切，所以款式设计是舞台服饰造型设计思维的组成部分。

第三讲

舞台服饰造型的设计艺术

一、舞台服饰造型的分类

要进行舞台服饰造型的设计，首先要分清舞台服饰造型的类别，由于舞台服饰造型的功能不同，服装材料的性质不同，穿着的目的不同，因而舞台服饰造型的类别也不相同。舞台服饰造型的分类可以按服装的性别、年龄、穿着顺序、穿着场合、穿着季节和所用材料等方面加以区分，可分为男装、女装、中老年装、内衣外衣、生活装、休闲装、职业装、运动衣、礼服、舞台服装、演艺服装等等。服装的分类从整体上来看可分两大类：生活服装和职业性服装（亦称为便装和特殊性服装）。生活服装有便装、时装，职业装有标志服、运动服、戏装等。他们之间的根本区别在于：前者具有极大的自由性，选择中以

个体意识主导、自我表现性强，不受时间与空间的限制。例如一件夹克上衣，既适用于公务交往，也适用于商务休闲，只要自身喜欢就无可非议。后者严格受时间空间的限制，表达特定的意识。例如星级宾馆的服务员，必须穿着含有该宾馆标志的制服、拉丁舞演员必须穿拉丁舞表演服。戏剧服装必须符合时代背景、人物的身份地位，才能帮助演员塑造角色。

明确舞台服饰造型的分类既可以从服装的式样、生产行业来表达，也可以从服装的面料、用途来分类。

按式样方面分类：中式服装、平面型结构，常用手工缝制，在工艺上较多使用绲边、镶拼、盘扣、嵌线、荡条等工艺装饰，具有典型的中国民族特色。西式服装一般以立体造型结构为主，大都采用机器缝制，具有合体的立体效果。

按生产行业来分类：呢绒服装行业、针织服装行业、衬衫行业、童装行业、丝绸服装行业、绣衣行业、制服行业、裘皮行业、运动服行业，等等。

按服装面料分类：梭织服装、针织服装、呢绒服装、毛皮服装、羽绒服装、牛仔服装等。

按服装形式分类：衣类、裤类、裙类、背心类、披风类、套装类等。

按穿着用途分类：生活服、制服、工作服、运动服、舞台服、礼服等。

二、舞台服饰造型的风格

在当代舞台上，有话剧、舞剧、音乐剧、歌剧、儿童剧、哑剧、肢体剧等各种戏剧种类及不同体裁，这种多样性必然导致戏剧舞台演出形式的多样性。

舞台服饰造型的风格样式，指角色外观形象创造中不同的服装特色，包括运用各种艺术手段与表现技巧，在所创造的服装形象中体现设计的品味、时代、流派、戏剧目方面的要求。在戏剧创造中，风格样式经常被提及，创作者在戏剧活动中总是贯穿着某种既定的风格，而通过样式来实现风格的价值。

舞台服装的风格样式既涉及绘画、建筑、雕塑、纺织学、史学，又受戏剧艺术的制约与控制。戏剧涵盖了古、今、中、外各个时期和地区，其种类和形式都是千差万别的，分类的标准与角度不同，戏剧的分类也就必然是多种多样。种类上有话剧、歌剧、舞剧（芭蕾舞与民族舞剧）、青春剧、儿童剧；风格上有写实、写意、抽象等，这些不同的种类与体裁均以一定的风格样式表现出来。舞台服装的形式语言，大致可以归纳为写实性处理与非写实性处理两大类型。写实性处理以其在舞台上再现现实的史实性形象，让观众真切地感受真实的生活面貌，并使之同剧中人物亲切地融合为目标，从款式到面料、配件到工艺等所有方面，都着眼于写实；非写实性处理，也可以归结为象征与

写意类型，主要根据各自的主张与意念，用强调、舍弃、浓缩、简化、变异、纯样式造型等方面，来创造与史实性相背的各种形态。

舞台服装设计师无论运用表现与象征，还是写意与写实，均不能脱离一个原则：首先是角色服装形象构成必须根基于剧目所表现时代的现实状态，在这个前提下再谈及设计师的风格定向。服装"风格"在剧目中的运用还必须与戏剧总体风格协调同步，这个协调包含服装形象的构成手段、材料、工艺，达到与舞台空间、灯光、化妆的协调同步，最终与剧本风格、导演风格的默契和谐，使剧目全过程在风格样式上浑然一体。

舞台服饰造型的风格样式与生活服装设计不同，生活服装设计强调设计师个人艺术情感的表达，以反映时潮与流行为准则。舞台服饰造型设计师在服装设计中，无论采用何种风格样式，均不能脱离过去与现代、本土与异国生活服装的线索，它是创造的前提和素材来源。

1. 舞台服饰造型中的写实

舞台服装设计处理中的写实，指服装的样式以史实为依据，客观地反映剧目所表现时间与空间的生活形象，具有"博物馆意识"的特征。设计创造中从造型线到装饰图案、从材料运用到工艺特点、从色彩到质地等，力求准确与贴切，在现实主义剧目及史实性中常为运用。

写实风格的服装遵循史实与具体性，所表现的形式是忠实地再现生活的一个片段，对服装的要求是强调写实的物理环境，对时代、季节、地点、气氛、性格类别贯彻现实的具体性且身临其境的造型为原则。例如《雷雨》《日出》《茶馆》等现实主义剧作中的服装表现，需力求服装形象客观再现世态民俗与现实环境，并通过类型化的款式给角色生命力，大至式样结构，小至微观局部或细针密线，客观真实带有严格的考据性并与戏剧人物要求的性格化结合。为此，不能只求考据与史实而成为博物馆式的陈列，应结合角色的要求给予性格类型的揭示，将史实形象合理贴切地分配与调用。如《茶馆》剧目中的人物服装，无非是马褂儿、长衫、中式袄、西装等式样，但什么角色服用什么款式，应贴切人物的性格、身份，使这些款式既表现了当时的世俗，又刻画了角色性格与心态。《哈姆雷特》服装轮廓以 16 世纪文艺复兴时期为依据，短外套、紧身裤、佩剑、灯笼裤等都忠实地遵循着历史。然而，设计师省去了常用的黑斗篷及附有羽毛装饰的帽子，是为了显现哈姆雷特的年轻形象，既强调写实性的表现，又考虑角色的形象要求。查理一世服装轮廓以 17 世纪巴洛克时期为依据，带着花边的衣领与袖口、硕大的毡帽、翻边的靴子等，是该时代的典型装束。同时，结合角色而增添的绶带佩饰，目的在于暗示查理一世的身份。

2. 舞台服饰造型中的写意

舞台人物风格中的写意，指角色服装形象没有明确的史实与民族性，追求服装形象的形式寓意与舞台气氛，通过假定、意指的处理给观众以联想与暗示，如绿蓝黄白表达春夏秋冬。舞台服装的写意象征具体表现在款式上概括简洁、形态轮廓抽象化，在松紧、长短、曲直、透与不透、明快与低沉、开放与封闭、符号化与图腾式中左右，装饰

上单纯而洗练，省略装饰的细节与附件；色彩上带有象征性、类型化。写意的处理，主要为象征主义、表现主义及荒诞派剧目服务，所谓的"象征"，指用服装这个具体可感的符号来代表剧目某种抽象观念及某类事物，在神秘、朦胧、多向指示中暗示剧目环境与人物性格，尽管局部与细节不完整，但意在创造或营建一种诉诸直觉的气氛，如恐惧、浪漫、怪异。

对待写意与象征的表现，在服装上要把握一个准则，突破某个时代的历史轮廓及民族的传统服饰束缚，在此前提下强调剧目以表现主观与直觉梦幻为主，款式多以变形及简化处理，服装成为揭示剧中人物心态的符号。

儿童剧《老鼠嫁女》是一个非常生动有趣的童话。从艺术的角度看，故事很美、结构简单完整，情节合理，合乎逻辑。剧中将角色装扮成所要求的形象，图中"鼠"与"猫"的动物造型采用象征的简洁造型，用剪纸的装饰手法，简单的色块处理，少量外部特征处理，以剪纸符号化的装饰形式来塑造角色超自然的形态。《老鼠嫁女》服装中"鼠大王""墙""太阳"的形象，用非常态的造型语言学营造滑稽可爱的气氛，为烘托剧情的气氛及舞台效果服务。（图9—图12）

3. 舞台服饰造型中的抽象

舞台服装中抽象的风格，与写实、具体、史实、中性等内容相对，指形象创造中结合剧目的表现与荒诞等处理要求，撇开非本质属性，形式表现强调变形与简化，表现主观内心的潜意识活动，在直觉

图 9 儿童剧《老鼠嫁女》
中的鼠大王 余潇潇

图 10 儿童剧《老鼠嫁女》
中的鼠公主 余潇潇

图 11 儿童剧《老鼠嫁女》
中的鼠王后 余潇潇

图 12 儿童剧《老鼠嫁女》
中的风 余潇潇

与梦幻、形态离奇、变化突兀中，进行服装非个性化，突破生活表象而直接显现内在实质的变形处理。例如，为表现主义戏剧与荒诞派戏剧的服装设计，经常借用这种风格来达到人物非个性化、符号化、简化变形及超脱现实、摆脱理性的违常规处理。贝克特的《等待戈多》一剧中，两个老瘪三的服装形象，仅用黑白两块麻袋布分别披在身上，既没有具体时代、民族的表示，也没有明确的结构与装饰，目的在于以两个色块来作为角色的符号，意指日耳曼人与斯拉夫人徒然等待的荒诞处境与世界无意义的抽象概念。

总之，抽象风格的舞台服装设计，是以简化变形而达到符号化功能的设计。

三、舞台服饰造型的种类

舞台服饰造型从种类上来讲，主要有话剧、歌剧、舞剧、戏曲四大类，各个种类在表现形式上有一定的差异，下面依次分析这四个种类的不同特点。

1. 话剧

话剧是以人物对话、动作为主要内容的表现手段，动作以写实模仿为主，实摹人的生存状态。剧中人物有一定的模式：一是个性化，有具体细致的性格；二是类型化，刻画某种社会共性或一般人类情态；三是符号化人物，取其象征意义，对一般人类情态做抽象表现。

舞台服饰形象表现上，个性化的形象创造一般服务于悲剧、正剧等体裁；类型化的形象创造服务于喜剧；符号化的形象创造服务于现代主义的哲理剧或荒诞剧。

个性化、性格化的服装，以鲜明的性格特征来展现理想与现实之间的冲突（悲剧）或接近生活自然形态与内在性为主的感染力（正剧）。例如，莎士比亚《奥赛罗》中奥赛罗的金色甲胄与黑色披风——威武的形象与最终的悲剧角色产生冲突；老舍《茶馆》中的王掌柜等人物富有岁月感与时代特征的长衫马褂儿——世态民俗与个性神态再现。

类型化的服装适合于喜剧或闹剧，强调主观与客观实际之间的矛盾反差所产生的不协调状态。如莫里哀的《伪君子》、陈白尘的《升官图》等人物服装，应富有喜剧气息，这种喜剧性以服装造型、色彩、装饰方面的适度夸张，用变形的结构、花哨的图案、过量的装饰等手段来营造诙谐、滑稽的美学印象。

符号化的服装服务于表现主义戏剧与荒诞剧，追求形象共性或主观意念，抽象化程度大，在变形与简化中表现人生哲理或荒诞主题。

2. 歌剧

歌剧含有音乐与戏剧的双重成分，适合表现故事单纯而背景广阔的传奇色彩题材，着重抒发诗意的激情，结构比话剧洗练、明快，有宏大的群众场面来产生和声效果。

舞台服装为歌剧服务，一方面遵循话剧类服装的基本规律；另一方面要安排好大场面中的服装，注重主人公形象与场面中群众形象的相互辉映。例如歌剧《白毛女》中，喜儿和杨白劳与群众的服装组合，就要有主次、前后之分。歌剧讲究场面性，也要求服装比话剧类更富有装饰性，更有华丽感。本宝冢剧院演的民族性歌剧，极其讲究服装的场面，大量的装饰处用金银及闪光材料、硕大的羽毛插件、绚烂的图案纹样、飘逸的裙摆与纱帛，充分营造出热烈欢快的激情场面。同时，宝冢在处理角色主次关系上有一个模式，即主要形象在款式、色彩、装饰、材料上完全与场面（群舞者）人物处理一致，只在某个局部做恰当的强调，显得高度统一而富有变化，例如，主角与群舞者都是白色燕尾服，但主角的驳领处有局部的银色镶拼；主角与群舞者都是一个式样的传统和服与浮士绘式的图案，主角和服的图案色彩是紫罗兰，而群舞者和服的图案色彩是淡粉红。这些巧妙的设计，既统一又有对比，在对比中表现舞台张力，给人以强烈的视觉冲击。

3. 舞剧

舞剧服装不同于一般话剧服装，它的目的是为舞蹈表演服务，舞蹈所表现的是通过动作来展示某些象征性形象，服装起辅助与衬托的作用，要求优雅、简洁、飘逸，以合于音乐的内在韵味。

舞剧服装分芭蕾舞剧服装与民族舞剧服装两类。前者具有经典性而充满梦幻气氛与诗化情绪，如《天鹅湖》《吉赛尔》等服装已有固定的版本，各个演出团体以再现为主；后者更带喜庆色彩与地方风味，格调轻松，丰富多彩，民俗化强。这两类服装的共性是讲究形式美及动作化，形式美体现在装饰性强、富有图案性；动作化指款式必须简约（包括面料）为动作造型服务，任何束缚动作而添加的设计均为败笔。

舞剧服装与话剧服装相比，具有形象强烈、概括、象征、装饰性强的特点。如设计 30 年代的女性角色形象，其服装采用无袖旗袍且开衩在髋部，质地轻薄滑爽，省去了旗袍当时的史实性的多缕边、重工艺的装饰性，这种简约化的款式成为一种时代的符号，与舞蹈的特质相吻合。

舞剧服装的简洁、富有动感、轻质是成功的关键，以适合大幅度的动作。著名的《天鹅湖》服饰成为典范之作，充分地说明了这个道理。在此，服装只能对演员的动作有所帮助，不能让服装成为动作的羁绊，必要的装饰或象征的时代意识表现，只能在边缘、缀饰、挂件上做文章。芭蕾舞剧中男性的紧身裤、女性的溜冰裙之所以成为经

典式样，既与大幅动作和音乐节奏有关，又与芭蕾舞剧追求诗化的情绪符合。民族舞剧服装则较多地采纳民间装饰风格，格调轻松，丰富多彩。

舞剧服装讲究抒情优美，服装力求柔美、轻盈，色彩要富有装饰性、选色一般纯度较高，过分的灰色要回避；面料的选用要有一定的光泽明亮、羽毛绒感等材料最为理想。

舞剧服装经过不断的发展与实践，形成了独有的表现语言，如带有情感展示的水袖、富有大动感的超短裙与紧身裤、增加服装层次与形象朦胧感的披纱、表达某个民族与地域的边缘饰图案（如蓝印花布表现中国民风）、追求舞台形象装饰性的闪光亮片点缀、由浅到深的色彩渐变而求丰富（弥补款式上的简洁单纯）等等，均是舞剧服装典型的样式。

4. 戏曲

我国戏曲服装历经宋、元、明、清四代，几经演变，才形成了今日的衣箱规制，亦称"衣箱制"。戏曲服装从历代服饰中来，但又不是按照每一历史时期加以穿戴，与话剧服装不同，而是根据剧中人物的身份、年龄、品格予以典型化的装扮（亦称"行头"）。在戏曲艺术中，什么样的人物穿什么服装是观众在欣赏过程中长时期的积累，成为约定俗成的程序规则。例如，演清朝戏穿明朝服装并没有错，可是扮演一个七品县令，应戴纱帽、穿官衣，而不能戴相纱、穿蟒袍。可见，"宁穿破、不穿错"是戏曲服装的信条。以京剧为例，基本形制为蟒（袍）、靠（甲衣）、褶（斜领长裙）、帔（对襟长袍）、官衣（盘领袍）。戏曲服装扮相中的头饰、盔帽、髯口、靴鞋、佩饰及化妆、脸谱均按规律行事。色彩上也是性格化处理，红色为忠诚，白色为奸诈，黑色为刚强，黄色为智谋，蓝色为勇猛，绿色为鬼怪，金色为神仙等。装饰图案以花卉素材为主，构成骨式多样，有独立式、适合式、角隅式等，绣工精细。

戏曲服装的创新是一直为业内人士所讨论的课题，既要保持观众的欣赏习俗，又要去除陈旧的内容，融进时代的审美意识，是个值得共同探讨的课题。

5. 儿童剧

儿童剧是以儿童为服务对象的话剧、歌剧、舞剧、歌舞剧、戏曲以及童话剧、神话剧、木偶戏、皮影戏等不同类型剧种的统称。儿童剧除了具有戏剧一般的特征外，还要适应儿童特有的情趣、心理状态和对事物的理解、思考方式。要求通过具体、鲜明的形象与活泼、明快的情节向他们剖析严肃的主题，进行美的感染。在美的感染过程中，培养儿童积极的创造精神，发展他们的意志和想象力，从而使他们的思维能力受到锻炼，唤起他们的求知欲，尽可能使他们正确地认识现实世界与周围事物，以达到巩固其自身既有的道德感。儿童剧应具有思想的明确性、道德的纯洁性、人物性格与行为的真实性、摄取生活素材的广泛性和准确性、艺术构思的完美性。

6. 庆典

　　庆典服装指用于盛大隆重的庆祝演出所设计的服装，它的表演空间与一般舞台不一样，以体育场（馆）、街区广场等为主。它与舞台服装中的话剧、歌剧、舞剧、戏曲类服装有较大的差异，不要求具体的情节与戏剧过程，也不苛求角色关系与场景更换，而是注重欢庆的气氛，讲究大色块、大流动、场面性，诗化的意境重于客观生活的再现。

　　庆典服装的最大特性是有明确的主题定向，服装创造应紧扣主题，并通过形式来揭示主题。庆典服装强调形式感，色彩与款式力求整体，以便在远距离及大场面中，通过整体色块来渲染隆重的庆典气氛。所以，强烈刺激的金银面料、高明度与高纯度的色彩配置等都是为营造形式美感服务的。

四、舞台服饰造型的设计程序

　　舞台服饰造型是戏剧要求与服装要素结合的产物，设计过程从形象创意到成衣制作，直至舞台呈现，均是根据预先考虑而进行的表现戏剧人物外在形象意图的行为，是设计师心象与服装物质的综合体现。

　　舞台服饰造型是根据剧本或演出策划者的要求，结合服装造型艺

术法则，采用相匹配的面（材）料，经过成衣过程来实现与角色贴切的装束。舞台服饰造型设计与其他造型艺术一样，包含着相同的美学因素，不同点在对象与手段方面。画家可以过多地表达主观意念而不考虑观赏对象，而舞台服饰造型设计首先受人体与戏剧两大方面的制约，它是一项需考虑剧本内容、导演流派、舞台形式、演员条件、经费等具体涉及的方方面面的设计艺术，它是角色及舞台构成的一个部分。

舞台服饰造型是戏剧艺术、服装艺术、服装技术、服装史学、设计师品味的综合体现，它的最终设计必须经过构思、出设计方案、成衣、修正四大阶段，这四个阶段密切相扣且每个阶段均决定着服装形象的最终演出效果。

首先，接到设计任务的第一步就是接触剧本，需反复地阅读分析，阅读的目的是接近与了解剧本的主题、题材与风格，敏锐地找出剧中发生了什么事，哪些人物，为什么要有这些人物，这些人物如何被剧作家安排，要进行案头的文字工作，在剧本上或笔记上画出有关角色形象的外观描写或心理反映，将剧本中或多或少对角色外形的描述标画出来，这些描述是设计师阅读剧本时必须记住的内容。对剧本的阅读，仅是了解什么角色、多少角色、换几次服装、表达了一个什么事件是远远不够的，应通过这些事态与人物洞察出剧本的深层内容。

研读剧本之后转入分析剧本的进程，分析剧本部分之间的关系（幕、场次方面），局部与整体的关系（角色与角色之间）。在分析过程中能发现许多对角色形象有用的成分，如有帽子的细节描写、花边的图案介绍等等。阅读剧本之后，设计师开始进入表现历史时期的阶段，

第三讲 舞台服饰造型的设计艺术

记住"一个设计师应比剧作家、导演更懂得时代"。对角色服饰的形象考据是舞台服装的必备之点，它依靠绘画作品、文学描写，已上演过的剧照、服装史书刊来提供。在扣准时代的前提下，找出剧本中的有关角色的事实，第一是时间（WHEN），即角色处于什么时代、什么季节？第二是地点（WHERE），角色在什么地理位置、什么空间环境？第三是目的（WHAT），为什么要有这个人物及人物如何发展？第四是身份（WHO），角色的性格、年龄、职业如何？第五是意图（WHY），指角色穿用服装的意义与功利何在，是标榜还是炫耀？

舞台服饰造型设计中，对史实的理解又有不同于人类学家或者考古学家的区别，我们对此问题的观点是，要具有"博物馆的意识"，不应是"博物馆的标本复制者"（尤其在历史剧创作中）。对服装史实的了解在于对该时代服饰文化及典型轮廓的吸收借鉴，如文艺复兴时期服饰出于对中世纪僵化的宗教服装反叛而产生了几何化的服装造型，这种几何化的造型成了史实的依据，如意大利的长方形、德国的四方形、西班牙的三角锥形。

在研读剧本进行分析之后，需立即与剧目创作群体取得联系，本着戏剧艺术是综合且整体的特性，这一环节尤为重要，创作者之间的交流主要以导演为牵线人，使导演与演员、舞台各部门设计者之间对剧本的理解达到默契，将导演的意图及手段传送给各部门，从而在整体的观念与动机上趋向一致。这里需处理好导演与服装设计师的关系，两者是互辅互补的，忽略或一味听从导演的做法均不可取。设计师应把自己精心的形象创造意图告之于导演，导演应在把握整体的前提下调动设计师的创造激情或给予一些实际性的帮助（如提供一些形象资料及书目）。交流还包括对演员的了解，要对演员的形体条件、气质做一分析，尤其要留心特形演员并记录下他（她）们的特异之处。

构思过程的风格倾向首先来自剧本的揭示及导演的提示，如时代写实或有时代的大致意味，也有抛开时代的束缚而任凭择用，在导演的提示之后，设计师需依据提示和组合服装的规律来确立风格样式。风格的内容包括剧目的精神及设计师个性与崇尚（或擅长）风格追求。首先需找到自身的位置，正确地估价自己对剧目精神的理解及形式构造的能量，是外观上大刀阔斧还是精心于细节，是浓墨重彩还是清淡虚幻；其次将所选定的风格确立下来，再做固定或添删，如设计风格上想求时代轮廓的象征与简洁化，就必须增加该时代服装形象的典型特色而略去细节刻画。在舞台服装的构思与创造中，风格化具有极大意义，能对剧目或演出样式的鲜明性、独特性起强化作用，反之常常显得乏味平俗。

在构思阶段，通过形象的考据及素材的收集，基本轮廓与色彩类别大致可以确立下来。这时，对角色服装款式与色彩的安排不可忽视，款式与色彩应该产生或必然产生隐喻作用，即形象的意味内蕴。如《雷雨》中繁漪的"旗袍"是基本款式，为了体现她的忧郁绝望的心境而选用紫色，而且随场次的发展一件更比一件深暗，使她的绝望更为强烈，这里旗袍、紫色与绝望有机地融合在一起。

任何剧目均由角色来充当，而角色总有力量上、方位上、强弱上的主次之分，设计师在构思中需明确地划分出角色层次差异，找出角色之间的重心，也就是需浓墨刻画之处再以重心来带动角色间的连环，如《哈姆雷特》，王子与国王是第一层面（也可称作主角层）；王后与

情人是第二层面；大臣与兵士、百姓是第三层面。只有将剧本中角色的层次分清列出，才能在处理款式与色彩上主次分明。即使有些剧目是非叙事性的，如歌舞性、庆典性表演，也有层次关系，这种关系较多地表现在相互间的平衡。如音乐会表演服装需在歌唱者与伴唱者、乐队之间划定式样与色彩的层次，舞蹈有领舞与伴舞之分。在有层次的前提下考虑设计语言的处理，或调和或对比，或浓烈或优雅。

舞台服饰造型的构思活动不像生活装那样，拿出方案及设计稿交给制作部门即可，舞台服装毕竟是舞台诸要素的一个部分，在研读剧本、交流、确立风格等一系列自身行动之后，需留心并审视下布景、灯光、化妆的进程，了解他们的方案，倾听他们的意见，目的在于使自己的构思与他们趋向一致，否则，舞台服装的设计构思将受到致命的打击。如服装方案是求整体、求温和而用轻淡的色彩，想让服装随色光的变化而变化，而灯光设计的构思却是素描光（白光），这种局面如果不去事先了解，必然会使服装在演出中惨淡黯然；再如服装方案是高度写实、细节真实，而化妆设计师方案是夸张变形，这二者最终效果如何则可想而知。只有双方经商议后趋向语言处理的一致，才能产生舞台的整体效果而使风格更鲜明。

思维组创经历了以上阶段之后，可以进入设计的体现阶段，这时需事先准备好一些材料，如画笔、颜色、纸张等，如果用特技表现，还需准备专用工具。

效果图是服饰造型中的形象表现，体现在效果图及结构图的制作上。是对第一工程"构思"的继续及解释，目的在于让构思得以实现，这种实现是依靠设计语言来反映的，它大致有以下几个步骤和技巧。

1. 绘制图表

首先需做出人物行动图表，可使角色一目了然，它分为角色名称、场次、场次内容、出场标志等几方面（见人物行动图）。

通过以上人物行动图表陈列，可以便于设计过程中角色在横向（每一幕中各个角色之间的款式平衡关系，分清主次、前后、轻重并紧扣事件的变故）及纵向（各幕之间某个角色的戏剧发展过程，关注情节与情态的转换）的整体布局，为下一阶段的平面形象展示做准备。同时还需设计师自己列出工作进程，即"工作日程"，确立何时完成设计稿，何时与主创人员交流，何时进入成衣与彩排等。

2. 效果图平面展示

舞台服饰造型中的效果图是戏剧人物创造成功的前提，它是剧目、导演意图、设计师才智与技巧的综合体现，再好的设想、再好的观念，不通过形象的展示总是徒劳的。在我们的戏剧创作过程中，经常听到导演对服装设计师说："效果图最好能说明问题。"

效果图制作步骤分：找出基调（形、色）、初步勾勒、固定造型线、赋彩、平衡、说明等几方面。

找出基调含剧目服装造型的总体轮廓形态及色调，如为某剧目设计的人物以简洁造型线为服饰结构总方向，黑白对比色为基调，只有将结构与色彩的整体确立，才能为局部人物的衍变而找到依据，基调也是变化的源泉。

《地质师》人物行动图

■代表出场

制表人：

角色场次/内容	第一幕（1961.9）秋天 卢敬家中		第二幕（1964.1.6）冬天 卢敬家中			第三幕（1977.11.6）卢敬家中		第四幕（1994.10.9）卢敬家中	
	三天后上午	三天后下午	三天后晚上	五天后傍晚	两个月以后	室内，一个小生命	七天以后卧下至睡下	六天以后	两天以后
卢敬	■白色衬衣 蓝色背带裤	■	■	■	■	■	■	■	■两天以后
洛明	■旧学生装	■	■	■	■	■	■	风衣	■
罗大生	■	■黄色旧军大衣	■		■杠杠棉工服，狗皮帽子 大头鞋	■	晨练	■	
曲丹				■和刘仁结婚					
刘仁	■			■双腿残疾		■不合时宜的新衣			
铁英	■		■48道杠棉服			■	■	■	
送信人	■						老女人		

基调定下来，开始进行各个角色服装款式的初步勾勒（带有速写性的手法），让服装形象显现出来。这时不必拘泥于局部的刻意，但必须在勾勒中体现意图。

在所有的人物服饰有了基本轮廓之后，将它们按行动表的各自位置放好进行揣摩，做局部人物的调整，检验一下所有服饰的基本轮廓是否在整体风格及时代意义上一致，什么地方该调整，什么地方太炫耀等进行各方面推敲。

对所有角色的基本服装轮廓推敲之后，可开始逐个地加工，将角色的服装款式确立下来，从通身造型到局部处理，如外轮廓是圆还是方要明确扣子是占上衣的一半长还是三分之一高，靴子是呈垂直线还是斜线等，一一表达清楚。当角色款式结构成立后，可以在"基调"的前提下，根据角色层次、关系、指向而赋彩。如剧目色彩基调是中性，就该在色彩含灰或无明显感情成分的色彩上进行。服装的款式与色彩完成后需全面平衡，将不合角色创造的因素除去。如独立地看黑色很凝重，但放置到轻淡的人物关系中就显得跳跃，而剧本上明确该角色只能做陪衬，这样黑色必须改为其他色彩或在色相与明度上变化。平衡中的关键是意图是否反映出来（时代对否？性格合否？）；基调是否明确；角色主次有否混乱或颠倒；服装能否做得出来；演员能否穿等一系列关系。

以上阶段完成之后，还需对服装的特别要求做一说明，如裙下摆的摆幅是多少公分；旗袍收腰的量是多少；膨袖的袖山与袖笼如何处理；用什么面料；替换材料是什么等，最好详细地做一解释并附上面料的样子。在表现军界的服装上，更需将领章、帽徽、肩章的纹样与

色彩、尺寸详细绘出。

舞台服装效果图是借助于服装设计语言（构成要素）结合戏剧要求而产生的，目的在于使构思后的服饰形象活化直观，参照示意图并为成衣制作找到依据。（图13）

无论何种风格的剧目，舞台服装设计的效果图创造不外乎绘、拼贴、平涂、渲染、装饰等手法。

3. 结构图展示

服装结构设计是对效果图的补充，结构设计即服装款式各部分量的分配，俗话称"裁剪图"。由于舞台服装的款式变化较多，有不同时代及不同风格，在结构设计上以"基形"变化的方式处理较理想，传统的裁剪图无法产生灵活的变化。结构图设计稿是效果图与成衣的媒介，使效果图更理智化、尺寸化。结构图可以依附于效果图某一角，也可另行处理。

4. 交流

当完成效果图及结构图之后，要对它们做全面的审视，从几个角度进行。首先，效果图与结构图的总体形象是否符合"构思阶段"的意图，线型与色彩在整体上平衡否？整个基调是否统一？混乱在什么地方？含糊在何处？图案的结构是否与服装款式相吻合？该强调的地方是否明显，如大喜转大悲是否在款式与色别上显示出来。其次是特

图 13 话剧《大相春秋》中的皇帝 徐丽慧

技要求说明了没有，如用塑料代替布料？塑料的密度是多少？里面的衬布如何安排？

效果图与结构图的成功（就设计师而言），在于与剧目要求的整体统一，时代性风格明显、服装结构既得体又富有节奏变化、能为制作提供方便、有一定的欣赏价值（在手法上或气氛上）。当设计师调整完效果图与结构图之后，必须再度与组创人员接触。与导演的交流能让自己设计的角色形象陈列出来，导演们必然有一番评价，对有益的修改意见要及时吸收，因为导演对剧本的理解及对演员才能的洞察比设计师深刻得多，同时也许导演已对角色做了增删或角色的处理做了调整。另外，去留心一下布景的方案小模型，如果天幕是黑丝绒，而主角服饰是深色裙，就必须调整效果图色彩的关系；看一下灯光师的设计方案，如果是浓烈的色光就该当心服装色彩是否太乱，什么色光对服装色彩有反作用，如深蓝光射在咖啡色衣料上将不利于角色的形象刻画，不是灯光做调整，就是服装设计者做修改；再看一下化妆造型方案，发式是否与服装有冲突，如长发掩盖了衣领、浓妆冲淡了服色等等。

5. 制作材料介绍

纸分白卡纸、色卡纸、铅画纸、普通纸等。

笔有铅笔（HB 或 B）、毛笔、油画笔、水粉笔、油彩笔、炭笔、炭条、油画棒等。

颜色有水粉或水彩色等。

工具有直尺、圆规、曲线板、鸭嘴笔、皮尺、刮刀、喷绘设备等。

6. 成衣

舞台服装的成衣阶段是设计过程中的重要一环，它将把效果图、结构图立体化，同时，也是对效果图平面的再创造，所谓"三分设计、七分做工"充分说明舞台服装制作的位置。舞台服装与时装成衣的最大区别在于，前者带有"以假代真"及"道具化"的个性。

成衣过程分为量衣、预算、购料、裁剪、缝制、后处理六个部分。

量衣：

量衣不同于生活装的量法，需要对关键的部位着重了解，如"羊腿袖"必须量肩至手肘的长度及手肘手腕的收势幅度，切不可凭想象估计，因为有的演员手臂特别粗或特别细。

量衣时要做好表格记录，主要是演员名和角色名、身高、男女、上衣长、身长、裤长、袖长、背长、胸围、腰围、臀围、头围、鞋号等等。

预算：

在成衣生产之前，尺寸确立后要建立预算。预算的原则包含三方面：成衣量、面料费用、设计费及其他开支。

购料与裁剪：

设计师应对服装衣料的市场分布有通盘了解，熟悉面料专营商

店，以便购料顺利。购料中往往会出现衣料与设计图不符的情况，所以最好设计师随同制作者或剧务前往，以利调整不相吻合的局面，设计师最好备有衣料色卡或样布。

衣料备齐及尺寸量定之后，可开始裁制，裁制一般分平面与立体两种方式。平面裁剪就是在衣料上根据尺寸分割，立体裁剪指用衣料在人体模型上的摆设而定。平面裁剪一般适用于结构简练的服式或传统服装，立体裁剪适用于夸张思维结构及表现变化的褶纹，因为褶纹的量无法用尺寸算出。设计师应该直接介入裁剪工作、看看裁片与立体摆设的造型是否合乎设计效果。

缝制与后处理：

缝制是把确立的衣片连接起来，有不同的缝法，如单缝、来去缝、包缝等等。缝制过程不单是缝合的过程，还有做夹里、刮浆、加垫、加附件、钉扣等等。

有些表演服装带有明显的道具功能，需要先将撑架用竹片或柳条编好，再在上面铺设面料，然后缝合。经缝制完毕的服装仅仅是大体的完成，还需经过一系列后处理。其中，有的需要染色。染色往往是购买不到设计中的色彩，必须自己调色染成。还有的需要镶贴饰品，将设计中的图案或花边依附上去。或者绘描添加图案或画出需要的图形。也有的需要做一些特技，如扎染、蜡染，这需要按专门工艺要求进行处理。最后熨烫使服装定型挺括。

修正：

修正也称为成衣检验，是对成衣的继续，加工完毕的服装首先需经演员试穿，在试穿过程中，会发觉什么地方太长或什么部位太紧，要将不合角色形体的地方进行调整。经试穿合格的服装，可以让演员穿上参加排练，设计师进入观众席对所有服装的实际舞台效果做一次检验，什么地方不协调或什么地方不合身？将之记录下来并迅速告知制作者调整。整体调整最好在彩排之前完成，调整也包括听取导演、演员及其他部门的意见。

公演之后，同行或观众也会对服装提出褒贬的看法，设计师应努力听取各方面反映，对败笔之处再做修改或以利今后创作借鉴。

五、舞台服饰造型的装饰形式

要对舞台服饰造型中的服装款式进行装饰，必须了解装饰的工艺手法，只有这样，才能得心应手地进行装饰设计。

1. 刺绣

刺绣是装饰工艺中常用的手法，刺绣，又名"针绣"，俗称"绣花"。以绣针引彩线（丝、绒、线），按设计的花样，在织物（丝绸、布帛）上刺缀运针，以绣迹构成纹样或文字，是我国优秀的民族传统工艺之一。后因刺绣多为妇女所作，故又名"女红"。刺绣的针法有：

平绣、套针、扎针、长短针、打籽针等几十种，丰富多彩，各有特色。刺绣的设计一般用在高档的面料，及华贵的服装装饰上，也代表人物的身份和地位。用刺绣装饰的服装款式显得精致华丽，特别是戏曲服装，一般都有精美的刺绣进行装饰。但是刺绣的成本较高，根据预算可以用其他手法代替。

2. 贴补

贴补有手工贴补和机器贴补两种工艺。

手工贴补就是在原有的面料基础上进行补料装饰，边缘用手工缝绣，可以是毛边，也可以是折边，经过手工贴补的服装有一种原始粗犷的装饰美感。例如现代时尚的牛仔裤与民间手工织成的鲁锦进行贴补装饰，可以使粗犷的牛仔裤具有一种质朴的原始美。另外，各色棉平纹布、各色丝绸、各类纱网、各色小碎花布、各色条格布、皮毛等都可以与不同的面料进行小面积或较大面积的手工贴补。

机器贴补是用机器代替了手工，在批量的成衣制作中可以提高生产速度，降低成本，相对价格也会降低，不过特殊的部位和材料机器永远代替不了手工。

3. 盘带

把布料裁成斜条，将布料条扦缝成条带，再用条带盘曲成花或各种形状，根据需要装饰的部位固定在服装上，一般不断头或少断头，

舞台服饰造型艺术

具有长连不断，随意自由的特点，用同色布作盘带会显得自然统一比较和谐，精致的装饰工艺会提升服装的价值。

4. 钉缀

钉缀就是将饰物钉在服装上，如珠子、亮片、人造钻石、水晶饰物、流苏、扣饰、挂饰等等。

5. 抽丝

抽丝是抽纱工艺的一种，是将面料上的经纬纱抽去，再用捆、勒、锁、扣等针法，将经纬线固定，形成条片状的镂空纹样。抽丝一般选用平纹组织、经纬线交织清晰、疏密适度的面料，因为过于细密的织物，不宜抽丝，而过于疏松、镶花的面料则容易脱丝。

6. 镶拼

镶拼是利用面料拼块组合成的装饰。利用同料不同色、同料不同经纬方向、同料反正面，做直拼、横拼、斜拼、曲线拼，结合服装裁剪款式，作各类分割和拼合。

7. 绗缝

绗缝是将面料、里料、夹料（棉絮、绒毛、腈纶棉等）用针线绗缝形成的纹饰。绗线一般用与本料同色或深浅一致的色线，绗后具有凹凸效果，现在有手工和机绣绗缝，也有绗缝好了的面料直接用。

8. 印花

印花是服饰中常用的工艺。具有简洁方便，省时省力、价廉物美、随心所欲的特点。一般有丝网印花、手工浆印、发泡印花、转移印花、纸型板印花、夜光印花、烧花等。

9. 染色

染色主要指蜡染、扎染、夹染、朦胧染、手绘、喷染等，特别是蜡染、扎染具有中国传统民间特色，很受人们的欢迎。

10. 机绣

机绣是一种现代化的工艺手段，以速度快、效率高、质量平整，产品规格一致而见长。机绣主要是模仿手绣。电脑机绣，是按针数进行程序绣制，一般是多针头同时绣制，可绣制定形装饰、花边装饰，具有很强的装饰效果。

舞台服饰造型款式中的装饰，是服装功能的一部分，款式与装饰相互结合、相互补充构成了服装设计的整体和谐之美。

装饰手法的巧妙运用，既可以完善款式，又可以充实款式，使单调的服装变得更加完美。总之，在基本的服装款式上，进行适当得体的装饰，不仅突出了服装的特点，而且能提高服装的档次，提升服装的价值，各种装饰手法越来越被服装设计师所青睐。

谈到装饰就牵扯到三方面的内容：装饰图案、装饰手法、装饰材料。

以牛仔裤的发展为例，首先看看牛仔裤的装饰图案。牛仔裤的图案开始只是线条，即牛仔裤上的明线，当牛仔裤发展到现在，其装饰图案让人眼花缭乱。在少儿服装上可以是卡通图案，青年装上可以是几何图形。中式元素流行后，大量的中式元素的装饰纹样出现在牛仔裤上。龙凤纹样可以、仙鹤可以、京剧脸谱、陕西皮影也可以，只是不同的纹样，适合的人群不同罢了，只要加以选择，恰当运用便可产生新的不同风格的装饰效果。

其次，看看牛仔裤的装饰手法。牛仔裤一向以干练简洁、自由洒脱的形象出现，细节修饰为点睛之笔。宽腰带、褶皱、镂空、流苏、蕾丝、小立体花或者是绣花，都会成为一条牛仔裤锦上添花的要素。印花、明线车线、多条纹边线、镶钉等细节在牛仔时尚发布会上到处可见。此外，拼贴仍是时装大师们热衷的技巧。与雪纺、丝绒、条绒等不同材质的面料拼贴将牛仔拼出了品位。大片的民族风情的刺绣、珠片、皮毛、拼贴、周身绽放的大片的繁花，让牛仔裤纤巧、俏皮、

灵动、雍容、华贵。其后兜与大腿外侧或躺或卧，以刺绣涂满整个后兜，极尽张扬。除此之外，设计师还将彩绘与中国的山水画融入到设计中去，这让本来休闲感十足的牛仔裤增添了几许艺术气息。

随着社会的不断发展，牛仔裤的装饰材料也在不断地变化。从开始的简单明线车线的装饰到现在的几乎毫无限制。珠片、钻石无所不用，装饰材料的价值也直接影响牛仔裤的价格。有用水晶装饰的牛仔裤，其价格竟高达1万美元。可见牛仔裤的价值很大一部分取决于牛仔裤的装饰材料，将中式元素的装饰手法结合现代的装饰材料来设计，让牛仔裤在提高实用价值的同时，也提高其艺术价值。

以上三方面的装饰内容，不仅在牛仔裤上被发挥利用到了极致，在其他类别的服装上，例如休闲式的西装外套、高贵的晚礼服、中式的休闲服装也被巧妙利用，因为现代社会是一个追求新、奇、美的个性时代，千篇一律的没有变化的单调已很难适应人们的消费心理，所以在单调的服装款式上进行独特的装饰，是舞台服饰造型设计师所面临的重要任务。

舞台服饰造型款式中的装饰手法具体表现为以下三种形式：装饰点、装饰线、装饰面。

1. 舞台服饰造型装饰点

衣服上的扣子、珠子、团花等我们可以把它看作装饰点，利用这些点的大小、位置、方向、连续性、重叠性，以及点的聚散组合进行有规律的排列组合，可以设计出变化多样的服装款式。

2. 舞台服饰造型装饰线

服装款式中的装饰线其表现形式多种多样。例如沿边缉线，沿袖边、领边、裙摆边缉双明线，用裁片的拼接缝缉锁边线等等。

服装的装饰分单形体装饰和多形体划分部位装饰，它是服装装饰的基本骨架。服装的款式确定后，再根据一些细节的分割进行修饰，例如缉明线、绲边、镶边、绗缝、缝三角针、缝双线、装褶襻，采用富有特征的拉链、金属扣、盘扣或加一些具有中国特色的刺绣、珠片绣、荷叶边、花边、缝缀装饰性标志等，这些细节的分割是相当重要的，它不仅起到装饰作用，还能提升服装的档次。运用分割线的反复、衣褶省道线的反复形成节奏，节奏形成韵律，韵律又形成一定的美感。通过分割后面料的拼接，如色彩的反复、面料的反复、装饰纹样的反复，形成整体美和节奏韵律美。

3. 舞台服饰造型装饰面

装饰面的表现形式是以服装裁片拼块组合，运用不同形、不同面积、不同色彩、不同经纬方向的面进行组合，使之色调统一协调，表达出美的节奏，美的比例。

另外，款式确定后，再确定一个重点装饰部位，这个重点要新颖突出，要特别，使装饰后的款式具有与众不同的新鲜感。切记一个款式的装饰重点只能有一个或两个，多了就没了重点，反而显得杂乱，分不清主次。

重点装饰的部位，可以是明确的线形轮廓，也可是花卉形象的外轮廓，还可用自然形的概括组合，如卷叶形、葫芦形、柿蒂形等串联组合。另外几何形组合也是常被采用的手法。确定了重点装饰的部位和外轮廓后，就要充实具体的装饰形象，装饰形象要与服装的款式、服装的造型相适应，与服装的某一部位的边缘相适应，如领边的形、领子的形、门襟的边、裙子的摆等。在进行具体的装饰形象时，切记要进行图案的提炼，要讲究形象清晰完整、要注意空间匀称，适形自如，就是要满足适合纹样的设计法则，也就是把图案的设计原理同样运用到服装的装饰形象上来。

总之，服装的装饰既要突出重点，又要利用对比的手段，强调突出服装的装饰。装饰的造型要简洁，色调要统一，工艺手段的运用不要过多过杂，线饰、褶线所构成的动势要适当，点线面的运用要少而精。

六、舞台服饰造型的色彩搭配

我们生活在五彩缤纷的光和色的世界里，光和色与人类的生活密切相关。约翰内斯·伊顿说："色彩就是生命，因为一个没有色彩的世界在我们看来就像死的一样。"色彩经过人的视觉，传达到人的神经中枢，会产生出不同的心理感觉，激发起人们的联想，不同的人对同一种色彩的反映也不尽相同，很难有一个统一的结论，我们应该充分学习和了解色彩的特性，掌握色彩的心理感觉与联想，通过不同的色彩来表达不同的情感。

色彩不仅有色相的不同，还有明度、纯度、冷暖、面积等方面的差异。就是同一种色相也具有情感的多面性，如红色的活泼热情与血腥危险并存，紫色既代表高贵，另外又代表消极的情感。同时色彩还具有变化的多样性，同一种色相构成的因素改变了，情感也会发生变化。如红色中间加入白色，热情就会变为冷漠和孤傲；而加入黑色，热情就会降低而变得沉稳；若是加入了其他色彩，随着色彩的明度、纯度、冷暖等因素的改变，色彩原有的情感就会发生改变甚至走向反面。

正是由于色彩的明度、纯度、色相的不同，从而使人产生不同的心理感受，激发起联想，不同的人由于心情和所生活的环境不同，对色彩的感受和联想也是不一样的，但是经过人们的长期积累和总结，色彩普遍存在以下共性：

其一，色彩具有冷暖感，这是由色相决定的。例如，当人们看到红色时很容易联想到红旗、鲜血、红灯和火焰，产生一种振奋、温暖的感觉。而当人们看到蓝色时，又会联想到蓝天和大海，让人感到一种清凉、广阔的感觉，这就是色彩的冷暖感。

在色彩中，橘红色是感觉最暖的色彩，而蓝色是感觉最冷的色彩。所以我们把色彩分为暖色和冷色，而金、银、灰、黑、白由于没有色彩倾向被分为中性色。

色彩的冷暖，除了由色相决定外，同时也受到明度和纯度的影响。

其二，色彩具有收缩和膨胀感，这是由色彩的纯度和明度决定的。一般来讲，纯度低颜色深的色彩有收缩感，而明度高和暖色有膨胀感。如同样面积的黑与白，黑色会比白色看起来小一点，这就是色彩的收缩与膨胀感。

其三，色彩具有前进和后退感，同一背景下，面积相同的图形会因色彩的不同，而感到一个在前一个在后。一般情况下，比较明快的颜色和暖色有前进的感觉，而比较灰暗的颜色和冷色则给人向后退的感觉。

其四，色彩具有轻重感，这是由它的明度决定的。一般情况下，高明度的色彩使人感到轻快，而低明度的色彩使人感到沉重。

正是由于色彩在色相、明度、纯度等因素的变化，不同的组合会使人们在视觉上感觉到一些错误的信息，如果在服装款式配色中能巧妙地运用这些视错现象，那们将会产生意想不到的艺术效果。

随着高科技的发展，服装面料质量提高，面料流行的周期缩短，因而强调面料的舒适和流行美感。功能性面料逐渐成为潮流，具有舒适透气、防皱免熨、抗油污、抗静电、防紫外线、防菌、防霉、阻燃等功能的面料不断推出，并很快形成新的消费需求。设计不是规划者或艺术家的特权，而是渗透于我们每一个人点点滴滴的生活，让消费者真正享受到设计的过程和这一过程所带来的愉悦心境。成功的设计，总是代表特定时期先进的思想与技术，折射出文化和艺术的精髓，它直指未来的趋势，引领新的消费潮流。例如为减轻生活压力，那么色彩则是宁静舒缓的淡雅色调，而面料要求外观朴素、平净、柔和，具有良好的视觉与触觉亲和力；混搭设计风格强调在冲突中探寻和谐，要求不同元素碰撞后呈现出独特的惊艳效果，那么色彩是高饱和度的多元化系列，暖红色和明黄色是系列中令人注目的亮点，而面料在使用性能和视觉效果上极大地丰富感官体验，等等。

　　舞台服饰造型配色的目的是为了塑造美的服装视觉形象，不同的色彩组合，能使人感到赏心悦目，达到一种调和美的状态，使其具有强烈的艺术魅力和思想。色彩组合的效果是赏心悦目还是刺激压抑，这取决于色彩的色相、明度、纯度组合是否合乎规律，而不合规律的搭配就是失败的。

　　在舞台服饰造型配色时，首先要注意色彩的调和，调和的服装配色会给人一种赏心悦目的感觉，而不调和的配色则会使人感到生硬和厌恶，一套服装色彩的调和至关重要，在色彩调和搭配时，具体有以下四种调和方法。

1. 单色配合

　　这是指单纯的一种颜色进行灰度的变化或明度的差别来配合而进行搭配，这种方法最容易取得调和，但也容易产生单调感，如红色裙子配以浅红的上衣。

2. 类似色配合

　　在色相环中，比较邻近的色彩之间进行搭配所产生的和谐感，这

种调和比较丰富，往往能产生比较优美的效果。如红色与橙红或紫红相配，黄色与草绿色或橙黄色相配等。

3. 补色配合

指两个相对的颜色的配合，如红与绿，青与橙，黑与白等，补色相配能形成鲜明的对比，有时会收到较好的效果。黑白搭配是永远的经典。如黄色与紫色，红色与青绿色，这种配色比较强烈。在进行服饰色彩搭配时应先衡量一下，你是为了突出哪个部分的衣饰。不要把沉着色彩，例如，深褐色、深紫色与黑色搭配，这样会和黑色呈现"抢色"的后果，令整套服装没有重点，而且服装的整体表现也会显得很沉重、昏暗无色。

4. 多色配合

即使用四个或四个以上的颜色进行搭配所取得的调和。在配色过程中，不要采取等量分配的方法，而应从中选出一个主导色，并设计好其他色彩的大小顺序，这样才能取得调和的效果。

在进行色彩调和的同时，关键还要注意色彩的面积分配。一般从数量上来讲，当两种色彩配合时，应让一种色彩的面积大一些，另一种面积要小一些。纯度低的色彩在应用时面积要大一些，而纯度高的色彩面积要小一些，这样就可取得调和的目的。

在舞台服饰造型款式的配色上，还要注意色彩的平衡问题，平衡的色彩会使人产生稳定的感觉。在服装的款式设计时要注意色彩的上下、左右、前后平衡。

有时根据色彩的色相、明度、纯度等的变化，在服装款式上重复使用能得到有节奏的律动感。一种是以同一种色彩在服装不同的部位重复出现而产生节奏感。如服装的领子、袖口、口袋饰以同一色的装饰材料而形成节奏感。另一种是以色彩按不同的色相、不同的明度、不同的纯度按其各自的特点，以顺序排列而形成的节奏感。

七、主要色系心理特征与配色

色彩的统一与变化是矛盾的统一体，过分的统一会感到呆板，没有生气，而变化过多则会使配色陷于混乱，要想设计出优美的和谐的款式配色，必须经过长期的艺术和生活实践才能真正做到灵活运用，得心应手。例如，职业女性穿着职业女装活动的场所是办公室，低彩度可使工作其中的人专心致志，平心静气地处理各种问题，营造沉静的气氛。而职业女性的工作环境多在室内有限的空间里，穿着低纯度的色彩会增加人与人之间的距离，从而有助于形成协同合作的格局。另外，纯度低的颜色更容易与其他颜色相互协调，可以利用低纯度色彩易于搭配的特点，将有限的衣物搭配出丰富的组合。同时，低纯度

给人以谦逊、宽容、成熟感，借用这种色彩语言，职业女性更易受到他人的重视和信赖。

当人们面对某一色彩时，其心理会因颜色的影响而起变化，这种变化虽然会因人而异，但大多会有下列心理反应：红色给人以活泼感，产生的热烈气氛，也可使人产生急躁与愤怒；橙色具有温和的感情；黄色表现出明朗、快活的感情；绿色有新鲜清爽之感；蓝色使人冷静，感觉冷淡；紫色感觉高贵；白色清洁；黑色则有让人产生恐怖、不吉利甚至死亡之感的心理作用。

一般来说，少年时期对色彩联想的是物体所具有的同样色彩，或与自己身边存在的自然景物有关，这些属于具体的联想。随着年龄的增长，联想的范围扩大且倾向于与社会生活相关联的抽象性的概念，这些具体的或抽象的联想，都称为"色彩的联想"。

当人们进入涂满蓝色房子时，会觉得很冷，相反在涂满红色的房子里会有温暖感，这些感觉和物理学的温度并无关系，完全是因为色彩的心理作用引起的。

人们对色彩的嗜好也会影响色彩的联想，例如，有外伤痛苦经历的人，因血与红色的联想而害怕红色，这是由于特殊颜色与痛苦经历的关联引起讨厌某一色或对它感觉特别恐怖的结果。

总之，人们对色彩的不同喜好、不同感受，会通过每个人的心理感觉而反映到所设计的画面之中。如酸甜苦辣、生命死亡、男女老幼、速度时间等，都可用色彩去表现自己的真实感受。

1. 红色

　　红色，大约可以算作我们这个民族最喜爱的颜色。几千年来，无论庙堂之高，抑或江湖之远，无论隆礼重典，抑或乡习民俗，无论儿女梳妆，抑或文人戏墨，都曾经，或者仍然，在广泛地运用红色。红色根据深浅又有绛、赤、朱、丹、红等数种。绛指颜色最深的红色。《说文解字》里说，"绛，大赤也"，就是说它是比"赤"还要重的红色；而"赤"的浓度，已在其他诸多红色之上了。绛是用一种叫作绛草的植物作为原料提炼出的红色。晋代学者傅玄阐为人处世的准则，提出"近朱者赤，近墨者黑"，这些都是读书人耳熟能详的话，却也在无意中区别着"朱"与"赤"两种颜色，——东家之子的肌肤或"近朱者"为朱色所染，但本身又有底色，相互混淆，自然是一种近似朱色但却不纯净的红。有学者考证说红色树心的松柏类树木曾广泛生长于我国华北地区，所以古人很早便认识和熟悉了朱色。在周朝，朱色还被视为正色，具有高于其他各种颜色的地位。按照周礼，在祭祀这种一等一的大事举行之时，天子、诸侯都要穿朱色的衣服，以示恭敬肃整。不过到了春秋以后，诸侯们不再守规矩，开始在服装的颜色上玩花样，于是孔夫子才生气地说"恶紫之夺朱也"。

　　红色又是中国的幸运色，红色的心理特性是热烈的、活泼的、健康的、引人注目的。红色与黑色组合能够使红色更加鲜艳；与黄色组合具有温暖明快的意境；与绿色组合能产生强烈的对比色。另外，红色变亮时具有激情、欢快、娇柔、甜蜜、幼稚、充满想象力等特征。红色变暗时具有深沉、古老、秋天、黄昏、憔悴等特征。

2. 黄色

"黄"字在中国文化里出现得很早，甲骨文里就有。许慎对"黄"的解释是"地之色也"，即大地和土壤的颜色。黄色应当是我们这个民族最早认知的色彩。我们的文明起源于黄土漫漫的平原，我们的皮肤就是黄色。黄色在封建王朝是皇室垄断的色彩。黄色明度很高，也常常被视为吉祥喜庆的象征，寄托人们的许多美好的祝愿。特别是那种金灿灿的黄，比较受人欢迎。黄色的心理特性是明朗、健康、快活、自信、光明、荣誉等。黄色与红色相配，显得热情，与自然色相配，显得稳重，与红、绿、蓝、紫等原色、间色搭配，显得活泼可爱，与黑色搭配有很强的警示作用，与灰色搭配具有很强的浪漫气息。黄色变亮具有单薄、娇嫩、可爱、幼稚等感觉，单独使用显得苍白无力，与自然色搭配具有自然、柔美、稳重的感觉。

3. 青色

古人所说的青色，涵盖了现代光谱原理命名的绿、青、蓝等诸多颜色。

"青"大约相当于如今的浅绿色，绿色是自然界的色彩。草绿色是绿色的代表色，绿色对生理和心理的刺激作用极其温和。绿色的心理特性是自然、新鲜、平静、安逸、和平、凉爽等，与白色、乳白色组合，清爽、明快；与黑色组合，高贵自然；与灰色搭配具有冷峻时尚的感觉；与粉色组合具有年轻朝气的感觉。

蓝色的性格颇为冷静，蓝色象征着年轻、自然、稳重和新兰的意象。蓝色系的心理特征是寒冷、遥远、永恒、沉静、自由、尊严、简朴、沉思等。蓝色与无彩度的黑白组合，诙谐亮丽；与灰色组合，柔美清爽；与黑色组合，时髦大胆；与黄色组合，给人健康的感觉。

而在所有颜色中，蓝色最容易与其他颜色搭配。不管是近似于黑色的蓝色，还是深蓝色，都比较容易搭配，而且，蓝色具有紧缩身材的效果，极富魅力。生动的蓝色搭配红色，使人显得妩媚、俏丽，但应注意蓝红比例适当。近似黑色的蓝色配白色，会使人显得神秘且不失浪漫。蓝色搭配以白色点缀，会透出一种轻盈的妩媚气息。蓝色配灰色，是一种略带保守的组合，但这种组合再配以葡萄酒色，显露出一种自我个性，从而变得明快起来。蓝色与淡紫色搭配，给人一种微妙的感觉。蓝色和白色是一种非常普通的搭配，如能配以高雅的淡紫色，便会平添几分成熟都市味儿。淡紫色配深蓝色，即使没有花哨的图案，也可在自然之中流露出成熟的韵味儿。

4. 白色

白色是各类丝物的本色，朴素简单，切实无华。统治阶级是很需要从形式上来强调自己的特权地位的，白色则太过普遍，无法满足这一需求。白色在千百年里，一直为政治所疏远。但由于白色又有纯洁、无瑕的寓意，白色的事物，常又用来作为天下太平的标志献给统治者，成为政治舞台上的小道具。崇尚白色的王朝是很少的。据儒家学者的研究，商朝是以白色为国色的。商朝的国旗是白色，叫大白，就是没

有图像花纹的净白的大旗；商人举行朝会，必须在白天。普通百姓举行婚礼也要在白天；商朝贵族的随葬品，也以白色的陶器居多。而在商朝以后，崇尚白色的王朝只有两个，一是晋朝；一是两宋时的金国政权。晋朝认为自己是金德，应当凸显白色的特殊地位，所以晋朝的皇帝都戴白纱帽，太子结婚则穿白色的丝质礼服，装饰紫色的璎珞。

白色是黑色的补色，是光的总和，在配色上，白色的地位很高，白色有很多的变化心理，白色可与任何颜色搭配，但要搭配得巧妙，也需费一番心思。白色配带条纹的淡黄色，是柔和色的最佳组合；而象牙白和淡紫色配以纯白色，不失为一种成功的配色，可充分显示自我个性；象牙白与淡色搭配，也是一种成功的组合；白色配淡粉红色，给人以温柔飘逸的感觉。红白搭配是大胆的结合，显得热情潇洒。在强烈对比下，白色的分量越重，看起来越柔和。白色与白色搭配，给人一种清纯的感觉。选用保守素雅的栗子色配以红色，鲜明生动，俏丽无比。褐色配褐色格子，可体现雅致和成熟。褐色厚毛衣料配褐色棉布，通过二者的质感差异，表现出穿着者的特有个性。

5. 黑色

学者们认为，黑色与白色是人类最早认识的颜色，因为它们位于色阶的两极，对比最为强烈，最容易为视觉细胞辨识。而我们的民族使用黑色的历史，也极为久远。在距今一万多年前的新石器时代，当先祖们刚刚学会制作陶器的时候，便已经使用红色和黑色来做装饰。上古之时，黑色虽然被用作官服，视为严肃、庄重的象征，但同时也被看作可怕的凶恶之色。这种心理，与其说是对黑色的厌恶，不如说是原始人类对黑夜的恐惧的留存。

虽然有了火的庇护，对于黑暗的恐惧，还是在人类的内心深处保留下来，伸手不见五指的夜色，在人的眼中就是一片漆黑。所以看到黑色，这种恐惧感似乎就容易被激起。五行学家更以黑色来指代北方，因为北方意味着冬季，万物凋零，一片肃杀，死亡的气息到处弥漫。先秦时期，楚人有招魂的风俗，《楚辞》中的《招魂》和《大招》，以及屈原长叹的"魂兮归来"，反映的都是这种习俗。而典籍载录，楚人招魂，都是从房屋的东边飞檐登上屋脊高处，面向北方招魂，再从西边屋檐下来。面对北方，是因为人们相信北方意味着死亡，是灵魂的归属。西周时期，人们便开始把今天的北京一带称为幽州，"幽"便有阴间的含义，同时又有黑暗的意思。北方、黑暗、死亡，这大约就是黑色的恐怖感的来源了。

黑色是无彩色系的色彩，在心理学上亦是一种极特殊的色彩，配合其他色彩会增强刺激性。黑色的最大特点是，在提高色彩的颜色和色度时，让它旁边的色彩熠熠生辉。它是个百搭百配的色彩，无论与什么色彩放在一起，都会别有一番风情。

每个颜色都有不同的特性，每个色系都有独特的色彩感情与个性表现。色彩的搭配变化也是无穷无尽的，仅仅用语言也是无法一一详尽描述的，只有在不断的实际探索中，才能设计出适合舞台服饰造型的款式，为创造美的舞台服饰造型发挥每人的才华。

第四讲

舞台服饰造型的图案运用

舞台服饰造型中的图案，是指在服装面料上的装饰，着重于纹样与色彩的配置，主要是平面效果。舞台服装图案不仅包含一般日用服饰图案的装饰美，还是外化角色形象的重要手段。

舞台服饰中的图案通过线条、形块、空间、色彩、工艺在服装材料上构成，使观众在欣赏图案时，在心理上进一步对角色的内涵有鲜明的界定，具有强烈的标识性，有明确的价值取向。

舞台服饰图案的设计，无论从题材、风格、处理与布局，必须根据角色的时代、民族、个性、身份等条件而创造。要求它的每一命题来源于自然生活。但它又不以自然的再现为满足，通过"艺术夸张"使其形象更典型，突出美、集中美的趣味，富有艺术的感染力。通过"创造想象"把无穷的联想和设想运用到创作之中，以达到形象的装饰化。通过"虚构幻想"，可使设计中的造型变化丰富、形象美观、趣味性强。

图案，早在五六千年前的仰韶文化时期，就出现在造型多姿的彩陶上，从而引起世人注目。图案设计，一是造型；二是色彩，两者便构成了完整的统一体。图案在不依附主体物的时候，作为一种艺术形式，可独立欣赏。只要依附于服饰上，则更能体现出它的装饰魅力。

图案创作离不开点、线、面。点可方可圆，小的可表现一粒沙子，大的可表现天体。线有垂直、水平、倾斜和弯曲之分。线有方向性，可以起到收缩或延伸的作用。积线可以成为面，面体现形状。

图案设计的形式美感，体现着设计者的审美观点、审美情趣和艺术风格。而具有现实意义的变形艺术，则更要注意形式美感、节奏韵律。节奏韵律是构成画面形式美感的重要形式之一。最单纯的方式就是严格遵循某一规律不断反复。例如同样形状、大小的等距离排列，可获得单纯、统一、整齐之美，这是一切复杂型节奏韵律的基础。在此基础上，如果进行重复中局部变异，或运用渐变的方式，可以获得比较复杂的节奏韵律，从而使作品显得更加生动、活跃、丰富。

图案中的节奏和韵律是源于客观世界的自然法则。天体的运行，四季昼夜的循环，人体活动的四肢，心脏的跳动等，无不具有节奏和韵律。

进行图案创作时造型应美观、准确。无论是人物、动物、风景，还是花卉，都应注重其形式美的表现。提取什么、淡化什么、夸张什么等，都要做到心中有数。图案创作虽然取材于自然形态，但一定要抓住自然形态的鲜明特征，运用概括、夸张等艺术手法进行创作，使变化后的形象，按照一定的规律组织在特定的画面之中，且构图完整、匀称。

图案形象在组织安排过程中要主次分明、疏密得当。在活泼自由

的均衡构图中应注重其协调统一的体现，使之呈现出既活泼欢快又井然有序的美感，在严谨、庄重的对称形式中寻求多种变化。

色彩的搭配要协调、明快。完美的图案设计，应有明确的主色调。配色过程中，要注意色相、明度、纯度以及冷暖关系的合理搭配。配色时切忌一种色彩孤立使用，除非这种色彩能起到画龙点睛的作用。

因此，图案的创作设计源于自然，源于生活，源于实践，一旦成为舞台服饰造型的装饰，显著特点是它的时代性、依附性和独立审美性。

图案设计家对图案概念有多种解释。

"图案是实用美术、装饰美术、建筑美术方面，关于形式、色彩、结构的预先设计。在工艺材料、用途、经济、生产等条件制约下，制成图样装饰纹样的通称。"

——雷圭元

"图案工作就是设计一切器物和一切器物的装饰。"

——庞薰琹

因此，图案是产品艺术设计的图样与装饰纹样，是实用与艺术相结合的一种美术形式。广义的是指各种产品的美术设计；狭义的则指各种装饰纹样。

图案设计以"写生变化"和"纹样练习"为主，但没有图案的训练，就不能很好地解决形象思维中的装饰造型问题，也不能全面了解和遵循艺术形式的规律。因此，图案设计要求设计者领悟图案变化的方法，在借鉴别人长处的同时，要在画面中找方法，看门路，真正领悟创作者的创作意图。

图案的显著特点是它的时代性，依附性和独立审美性。

时代性即图案在不同时代有着不同的形式和风格，与人们的物质生活和精神生活密切相关。时代生活达到什么质量档次，就有什么样的图案反映时代生活。如过去靠手工勾勒，现在可以用电脑制作。

依附性是图案的本性，它只有依附于舞台服饰造型被装饰物的主体，才能体现出它的装饰魅力，揭示出被装饰物体的性质、特征及其档次价值。没有依附也就谈不上装饰。图案的依附主体主要是服装和服饰。

独立审美性即图案在依附被装饰物主体的时候，它是主体的一部分，但它又具有超越主体使用价值的艺术观赏性。图案在不依附主体物的时候，可作为一种艺术形式独立欣赏。

一、舞台服饰造型的图案分类

舞台服饰造型图案的分类是根据其诸方面的性质，从不同的角度进行分类、归纳而划分的。人物图案、动物图案、花卉图案、风景图案，这四类是舞台服饰造型设计时所常见的，它们之间可以相互联系，密切地组合在一起成为一个整体的画面，又可以独立地以单一内容而存在。

1. 人物图案

人物图案描绘的对象是人物和人物生存、活动的环境，它和生活联系密切，并常常带有一定的主题性，应用特别广泛。人的形体、结构、比例、动态、情感、服饰等，都是人物图案中要重点表现的要素。人物题材包括少数民族、人体、头像、儿童、母爱、体育、舞蹈、时装等，应根据不同题材的选定，去创作和设计不同的人物造型。

2. 动物图案

动物图案是根据动物自然形象的特征、结构等进行规范的、重点的变化后的图案。动物分兽、禽、虫、水族等类，各类动物又有自身的形象特征、运动规律和拟人的状态。奇异的色彩、特殊的结构、多变的形态、迷人的神情等是动物图案变化的重点。

3. 风景图案

风景图案指以山川、园林、树木、建筑等做素材的图案。风景图案不仅能再现和记录大自然千变万化的景象，更能揭示大自然的美。一幅完美的风景图案，能使人们发现在大自然中发现不到的美，不仅看到画中之景，更能感受到景中之情。缺乏意境的风景图案是不能引人入胜的，只有将自身的激情、灵感和自然景物融为一体时，才能反映出一定的意境。风景图案的取材包括自然景物和人为景物两大部分。

例如，名山大川、江河湖泊、北国风光、江南春色、港区码头、厂景外貌、小桥流水、农舍村景、田园庄稼、亭台楼宇、古木盆栽、清流碧潭等，均可入画。在不违背自然环境的真实性的前提下，一般都可以大胆地夸张、变形，使自然风景在形象、构思、色彩等方面，由自然具象形态升华为较为抽象的艺术形态。（图14）

由于变化的局限性，风景图案不能像油画那样自由表现，也不能像中国画那样多次皴、擦、染等描绘，它只能用对比极强的两极色（黑、白）来进行组合、造型。彩色风景图案也只能用有限的套色进行色彩层次的变化。在进行变化时，应将客观世界的形象化繁杂为简洁、化立体为平面、化具象为抽象，使不规则的形象规则化，自然状态的形象条理化。

4. 花卉图案

花卉图案是根据花卉自然形象的特征、结构、生长规律进行规范的、有重点的装饰变化后的图案。某些从现实中得来的素材虽很美，但还远远不能满足人们对美的追求和向往，还不能直接适用于各种舞台服饰造型生产工艺的制作要求，必须经过提炼、加工、重新组合成装饰形态。

花有草本、木本、藤本之分；有向上和下垂生长之分；有水陆生长之分，在进形变化时，要尽可能地加以区分，不管画什么花，正面的主要是由花瓣、花蕊组成，侧面的主要表现花蕊和花托，半侧面的主要表现花瓣、花蕊和花托，在大的外形特征的基础上，还要注意局

图 14　敦煌壁画中的风景图案

部特征。对于同一外形的花卉，可用不同纹理的变化达到装饰目的。

花卉图案的变化，要抓住其形象特征，大胆夸张，突出局部特点，否则就会区别不清花的品种，造成纹样上的雷同。在色彩上，务必根据需要变换色调。由于受工艺的制约，不可能像自然色彩那样丰富，因为它毕竟不是自然形态的彩色照片。所以，同一花卉在不同的画面上可采用不同的色彩来处理，不同的花卉在同一画面上也可以用同样的色彩。不论用什么样的变化形式与表现技法，主次的安排，色彩的搭配，层次的变化都要达到和谐统一的效果。

5. 几何图案

几何图案也叫几何形图案或几何学图案，是以几何形态为视觉元素造型，按照一定的原则组织成具有美感的、视觉效果强烈的、简洁严谨的、含蓄的观念形式。几何图案主要运用点、线、面组成具有审美价值的图形。

几何图案一般属于抽象图形，也有将几何形与自然形相结合的，形成一种半抽象的图形。几何图案广泛应用于建筑、纺织品、招贴及包装设计等方面。

在自然界中，我们可以发现许多几何图形的例子，如蜂窝、宝石、盐结晶等，都具有严密的几何纹组织。早在新石器时代，几何纹样便在彩陶上大量使用，凝重朴拙的造型，严谨适宜的结构，单纯厚重的色彩，所反映出的是当时匠师们巧夺天工的创造力和表现力。

6. 卡通图案

"卡通"是动画电影（英语 cartoon）的音译。卡通图案则是动画电影中拟人化、漫画化的动物及人物形象。夸张、变形是卡通图案的精髓。通过夸张、变形，能使人物（或动物）的特征更加鲜明，更加典型，且富有情感。

7. 剪纸图案

剪纸是用剪刀将纸剪成各种纹样的一种造型艺术。剪纸起源较早。剪纸要求形象概括简练，运线流畅明快。由于各地区、各民族风俗习惯的不同，各地的剪纸都表现出不同的风格。一般北方剪纸简洁、纯朴、豪放；南方剪纸精巧、秀丽、细密。

民间剪纸，主要作者是农民、牧民、渔民和一部分手工艺人。鲁迅先生称他们的作品是"生产者的艺术"。这些作品深刻而真实地反映劳动人民的生活、思想、情感和愿望。他们在观察中发现、比较、从而抓住了事物本质的东西，并给予集中、概括、提高，追求的是完美、丰满的形象。一个小小的圆圈，可以代表动物的眼、头饰的珠、花卉的蕊；一排锯齿纹，可以代表鸟兽的毛、树的叶、衣服的纹饰等。

民间剪纸的种类很多，以实用为目的的剪纸可分为喜花、窗花、门笺、墙花、顶棚花、灯花、鞋花、枕花等多种形式。

8. 吉祥图案

吉祥图案即寓有吉祥之意的各种图案。在实际生活中，人们习惯将常见的植物、动物等，用图案的形式装饰在器物上。有时用一句人们爱听的谐音话表达，或用图画表现出来，就是一幅富有吉祥寓意的作品。在图案中人们看到的是形象，但心理感受到的却是形象以外的语言。也就是说除了形象美、形式美之外，还有一种寓意美、比喻美和语言美。

吉祥图案的起始可上溯到商周，至宋代逐渐成熟，明清为盛期，达到了"图必有意，意必吉祥"的地步。

吉祥图案从主题上可分为下述类型：一是表现幸福者，如五福、福在眼前等；二是表现美好者，如凤穿牡丹、鸳鸯戏莲等；三是表现喜庆者，如喜相逢、双喜、喜上眉梢等；四是表现丰足者，如年年有余、天下乐等；五是表现平安者，如马上平安、一帆风顺等；六是表现长寿者，如延年益寿、猫蝶、百寿图等；七是表现多子者，如榴开百子、百子图等；八是表现学而优者，如连中三元、鲤鱼跳龙门等；九是表现升官者，如连升三级、平升三级等；十是表现发财者，如摇钱树、金锭、发财还家等。

9. 标志图案

标志是一种象征艺术，代表着某一种特定的事物，其内容可概括为商业性标志和非商业性标志两大类。现代的标志图案，符号化的倾

向很明显，被公认为是沟通人际关系的桥梁。它从不同的角度反映了一个国家的经济、科学技术和文化水平。标志图案强调简洁、严谨、含蓄，以便于人们识别、辨认和记忆。

二、舞台服饰造型的图案素材

舞台服饰造型的图案素材一般分为直接素材和间接素材两大类。

1. 直接素材

直接素材是以写生为手段，直接从大自然中获取的素材，如飞禽走兽、植物花卉、高山流水、日月星云、春夏秋冬等。

2. 间接素材

简接素材是以临摹、借鉴为手段获得的素材。如：中国民间传统中的年画、剪纸、刺绣等；西方装饰风格的马蒂斯的女人体变形和毕加索的牛变形等。

以写生手段直接从大自然中获取的直接素材，是图案变化的

"源"；以临摹、借鉴中外优秀的作品所得到的间接素材，是图案变化的"流"，它只能起到启发、诱导、点化和提示的作用。要学习和设计图案，就要善于开源，兼收并蓄，把基本功练扎实。

同样的素材，由不同的人运用，所创作出的图案却千姿百态，风格各异，这就是取材的角度问题。例如同样表现云，一旦人们根据被装饰物主体的需要而确定了取材角度，同时也就确定了表现云的艺术手法。在前人画笔下，就曾绘制出各种颜色、各种结构形态的云。如：色彩上有白云、乌云、霞云等；形态上有朵云、流云、行云、卧云、巧云、云海、层叠云、如意云等。因此，无论获取的是直接素材还是间接素材，都应服从舞台服饰造型主体的需要。

将写生得来的素材，进行提炼、概括，变自然形象为装饰艺术形象，从而使之适应一定的材料制作，以便于应用。这个过程就是变形，也是一切装饰设计的基础。

变形的目的包括三个方面：一是通过变化使原对象的特点更显著、更典型；二是通过变形使形象更美、更理想、装饰性更强；三是通过变形以符合工艺制作的要求。

图案的表现技法很多，概括起来主要有点绘表现技法、线的表现技法和面的表现技法，以及点线面综合表现技法。

变形一般可归纳为写实变形和写意变形两种。写实变形是在写生素材基础上稍加修饰即可变形应用。写意变形是凭主观设想的变形，如果处理得好，会给人耳目一新之感。我们崇尚自然，但不是自然主义者。变形就是使自然物象通过修饰和再创造，升华为装饰艺术品。

以动物变形为例，首先应抓动态、抓神态、抓特征。动物的特征

包括体态特征和局部特征两个方面。鹿的角是雄鹿的重要特征，如果用夸张的手法表现鹿角的壮美是很合适的。在民间玩具中，布老虎是人们很喜爱的，将这一凶猛的动物变得幼稚而可爱，它的成功之处在于抓住了老虎的典型特征并加以夸张。公鸡在动物图案中也很常见，可重点刻画头和尾，这在中国民间剪纸中是刻画得很成功的。鱼生活在水中，而鱼的变形虽然没有水，却让人感觉到了水的存在，因为将鱼画成了一种半透明的结构，水也就自然可以想象了。

以人物为例，正常协调的动作是美的，某些具有爆发力的动作也是美的；幅度大的动作很美，静止的动作也是美的。体操运动员、舞蹈演员都具有健美的形体，人物图案就是要借助形体的美进行夸张变形，从而创作出优美动人的作品。

雷圭元先生在《图案中的变形》一文中指出："变形的过程就是提炼的过程，一般要注意以下几点：（1）要紧抓对象的美的特征。要辨别美丑，自然形中不完整、不健康、残缺不全、病态的东西，令人恐惧或使人意志衰颓的东西，都不宜作图案的资料。（2）变形可以幻想，如四季花可以画在一幅图案上。如可以一面开花、一面结果；如花、叶子可以变为云形、如意形，梗可以变成八吉形、万字形；可以叶中有花、花中有叶、花中有花、花中嵌子；可以以花名谐音，象征吉利、希望等等。（3）变形要花样翻新，不拘一格，但也要注意人民喜闻乐见的东西，要推陈出新。（4）要熟悉民间、民族的图案风格和手法，甚至要熟悉生活中的口头语、民歌、民谣、民间音乐等，以丰富图案的内容和语言。"

三、舞台服饰造型图案设计的借鉴

早在五六千年前的仰韶文化时期，就有生动的图案用于造型多姿的彩陶上，其中西安半坡村出土的新石器时期彩陶上就有许多鱼纹、鸟纹和人面鱼纹的图案。长沙出土的战国、西汉时期的帛画及漆器，其线条造型、图案设色都达到了相当高的艺术水平。汉代的铜镜、玉器、画像石、画像砖，南北朝、隋唐时期的佛教艺术，以及宋代的瓷器、明清的织绣中，图案造型都很精美。流传在民间的剪纸和用于表演戏剧故事的皮影等，也都异彩纷呈，具有很美的装饰和观赏性。

了解中国历代图案的发展，对于我们今天的创作，以及如何继承和发扬本民族的艺术传统是很有必要的。

1. 原始社会时期的图案艺术

原始社会分为旧石器时代和新石器时代。旧石器时代的图案艺术主要体现在人体装饰上，如文身、绘身和体外装饰等。新石器时代的装饰艺术则表现在玉器、彩陶及各类原始雕塑和岩画的纹饰上。从旧石器时代到新石器时代的漫长发展过程中，许多原始艺术多被历史的烟尘所淹没，保存下来的只有凭借坚硬的和不易腐烂变质的物质材料为依托的艺术。

文身是用骨针、竹签、石针等利器，在身体上刺出花纹，然后将汁草或锅烟等自然染料糅入花纹，使之成为黑蓝色，这是一种永久性的人体装饰。绘身是用泥土、炭灰、油料等在人体上涂绘出各种图案，它可以防止蛇虫的侵害，缺点是不能长久在人体上保留。体外装饰是指附着于身体某部位的装饰，如在头部、足部、颈部、腕部等部位悬挂或佩戴各种图案饰品。

早期彩陶上的图案，主要受当时编织物的影响，表现出一种规律性的流畅的风格。仰韶文化中的彩陶除了几何形图案以外，还有装饰性极强的鱼、鹿、龟、蛙、羊等图案，最有代表性的是西安半坡遗址出土的半坡型彩陶中的人面鱼纹陶盆。马家窑文化中的彩陶除几何图案、动物图案、植物图案外，开始出现以表现原始舞蹈为内容的陶盆，这是较早出现的具有情节性的图案。

原始岩画是指刻或画在岩石上的图画，具有很高的审美价值。在中国发现有数百处岩画遗址，如广西花山岩画、云南沧源岩画、甘肃黑山岩画、内蒙古阴山岩画、江苏连云港将军崖岩画等。图案有人物、动物、日月星辰、房屋、武器、神祇、符号、手足印、人面、车辆、帐篷等，这些画从多方面反映了狩猎、战争、舞蹈、祭祀、生殖崇拜等内容。

2. 商周时期的图案艺术

商周产生了光彩夺目的青铜文化，完成了由青铜时代向早期铁器时代的转变。

青铜器的造型种类繁多，有食器、酒器、兵器、车马饰、乐器等，其日用品器皿造型仿陶器，造型手法多样，各类造型都有不同的特征和实用性。图案以饕餮纹、夔纹、怪兽纹为主，多用对称、夸张等形式表现。形象鲜明，庄重威严。除此之外，还有几何纹、鸟纹、鱼纹、龟纹、回纹、云雷纹等。

在玉器方面，以河南安阳出土的小饰物最负盛名，玉凤、玉龙、玉鹦鹉、玉鱼、玉龟等，采用透雕的形式，将复杂的形象概括为生动、有趣的平面图形。漆器图案有各式云纹、几何纹、勾连纹、动物纹等。丝织图案有龙凤纹、花卉纹、几何纹、田猎纹等。此外，湖南长沙出土的《人物御龙图》帛画等，造型生动，构图完整，极富装饰趣味。

3. 秦汉时期的图案艺术

秦代的图案主要反映在宫殿建筑、漆器、兵马俑以及瓦当和壁画上。湖北云梦出土的漆盂，绘有一鸟二鱼，造型、色彩、线条简朴粗犷，装饰感极强。画像砖、瓦当和铜镜上所表现的奔兽、围猎、子母鸟、鹿、豹等图案，结构严谨，造型生动有力。

汉代的图案主要体现在帛画、墓室壁画、漆器及雕绘结合的画像石、画像砖上。帛画主要表现的是西汉封建贵族生前和死后的生活，人物均采用侧面造型，线条流畅，色彩浓艳，构图饱满完整。画像石、画像砖主要分布于山东、四川、河南、安徽、江苏、陕西等地，数量多，题材广。图案有车骑狩猎、宴乐百戏、神仙羽人、飞禽、鸿雁、虎豹、马鹿、四灵、亭台楼阁、植物花草、吉祥文字等。构图饱满充

实，灵活自由，多采用水平线、垂直线和斜线分割画面。形象多以影像为主，简洁明确，注重大形的刻画，以粗犷洗练取胜。画像石、画像砖生动朴素的特色，对后世的图案创作产生了巨大影响。

4. 魏晋南北朝时期的图案艺术

魏晋时期，由于佛教的兴起，莲花、忍冬、飞天、缠枝花等成为这一时期的基本纹饰。尤其南北朝时期更加风行，在石刻、陶瓷、铜镜、织锦上到处可见。石窟中除佛像、壁画以外，还有藻井、壁带、龛沿、枋沿、佛像背光处等装饰，图案主要有弧线型的忍冬纹、曲线型的云气纹、直线型的几何纹等。

甘肃敦煌莫高窟，位于敦煌东南约 20km 的断崖上，自秦至元代的壁画均有建造，有 5 万 m^2 的壁画和 2000 多尊彩塑，被誉为东方艺术宝库。北魏、西魏、北周时期的壁画，其题材以佛、菩萨为主。画面构图打破了现实时空，色彩浓重，层次分明，线条简洁，具有现代感。新疆克孜尔千佛洞的壁画，主要表现佛本生故事、佛传故事等。色彩以土红、粉绿为主，并以彩墨烘染。甘肃麦积山石窟壁画，题材以佛本生故事和佛传故事为主，色彩主要采用施朱点绿的手法，颇具装饰性。

5. 隋唐时期的图案艺术

隋朝历时 37 年，在历史的长河中极为短暂，虽遗留的文物不多。

但在图案装饰上却表现出了特有的时代特征。敦煌莫高窟中的隋代壁画，题材内容除沿袭以往的佛、菩萨、佛本生故事和佛传故事外，开始出现了经变画，如法华经变和维摩经变等。

唐代经济繁荣，文化发达，商品生产有很大的发展，工艺美术进一步发展成为商品，并注意吸收外来的装饰风格。主要造型有日用品、工艺品、雕塑、藻井、壁画、彩塑等，形象写实，造型丰满，在造型与装饰上明显带有宗教色彩。图案的取材以植物纹为多，如莲花、牡丹花、蔓草、宝相花等，还有几何纹、动物纹、吉祥如意纹等。

唐代的壁画主要表现的是出行图、仪仗图、马球图等，表现的是宫廷贵族的奢侈豪华和享乐场面。唐代的织锦题材以鸟兽、花草为主，其中：鸟兽通常是成双成对，左右对称；花草则是花中有花、叶中藏花、花中寓叶等新颖别致的造型。金银器上的珍禽异兽纹样风格独具。铜镜的造型除圆形外，还有方形镜、亚字形镜、菱形镜、葵花形镜等。主题图案以动物为主，有四神纹和十二生肖纹，也有似狮、似虎、似麒麟的瑞兽。瑞兽又常与葡萄、禽鸟相结合。以花卉为主题的图案多取宝相花、莲花及牡丹等。唐代的装饰纹样主要有成双的花鸟、运线从容的缠枝纹、富于变化的联珠团花、明丽富贵的宝相花以及小簇花等。所表现的是和谐的韵味和旺盛的活力，以至形成了气势宏伟的一代"唐风"。

6. 宋代的图案艺术

北宋、南宋经历了 3 个多世纪，是中国古代社会发展的一个重要

转型期。图案装饰逐渐摆脱宗教影响，最常见的题材是花鸟，并注重写实，纹样简洁、典雅。小幅图案具有装饰与实用双重作用，如扇面、屏风上的图案装饰等。内容多以花鸟、山水为主，构思巧妙，形象刻画生动，色彩典雅和谐。宋代陶瓷大都以日用瓷器为主。磁州窑在白釉上用铁釉画花（又称铁绣花），运用国画运笔的顿挫、粗细、转折、浓淡，以及笔与笔的重叠等技法一气呵成，既有国画的特点，又富有装饰效果。另外，创作了刻画兼绘画、剔刻、刻填和珍珠的划花等多种新技艺，其中以所绘黑花最为精美。吉州窑创造的木叶纹和剪纸贴花的形式，生动新颖。宋锦的图案吸收了国画花鸟的风格，以写生花、八达晕、灯笼锦和球路锦较为典型。写生花也叫生色花和散花，具有自然、完整的特点。八达晕是应用规矩的方、圆几何纹和自然形组织起来的纹样，具有配色调和，优美的特点。灯笼锦又名庆丰收、天下乐，是以灯笼形作主要图案，以谷穗、蜜蜂等相配，寓意"五谷丰登"。球路锦是以一大圆为中心，上下左右和四角配有 8 个小圆，圆圆相套或连接，并向四周循环扩展以组成四方连续纹。

7. 辽金元时期的图案艺术

辽、金、元时期的图案艺术主要反映在壁画、陶瓷、织物、石刻等方面。元代敦煌壁画保存较完整的是第 3 号窟和第 465 号窟。其中第 3 号窟题材为"千手千眼观音"，画面采用白描淡彩的形式表现，用线生动流畅，用色较活泼，造型严谨。观音的"千手千眼"以图案化构成辐射圆形，增强了画面的装饰效果。山西永乐宫壁画中的人物造型，用线流畅，设色浓丽，是我国道教装饰绘画的杰作。元代的瓷器图案极其繁密精细，有时一件器物上画有8—9层纹饰，有的多达12层。在织物上则大量加金，"织金锦"成为元代名锦，纹样有狮子、宝相花、团花、龟背纹及如意纹等。

8. 明代的图案艺术

明代的图案艺术除北京、山西、四川，云南、西藏等地的一些寺庙壁画外，民间版画，尤其是木刻版画插图逐渐发展起来。以陈老莲为代表的木刻插图具有很强的装饰性，其在造型、线条、构图等方面具有很高的艺术成就。他创作的《九歌图》《西厢记》《水浒叶子》《博古叶子》等，都是木刻插图的精品。作者将故事画成白描线稿，再请刻工雕成木板，然后用水印方法复印。在人物造型上，注重心理刻画和环境对人物的烘托，线条遒劲流畅，疏密、虚实、黑白关系组织极好，具有极强的装饰韵味。

明代的寺庙壁画以北京法海寺壁画为代表，采用了民间的"沥粉贴金"手法，对增强图案效果起了重要作用。丝织物的图案内容以花鸟为主，也有人物、山水、器物和天象等，并善于把写生和装饰效果有机地结合在一起，其中以写生式散花和各式缠枝花最具特色。

9. 清代的图案艺术

清代纹样的主要特点是吉祥图案的盛行，达到了"图必有意，意

必吉祥"的程度。年画的造型简练而夸张，构图丰满朴实，布局对称、均衡、呼应，色彩鲜艳明快，大红大绿占显眼位置，其他色彩多为亮色。年画的集中产地有苏州桃花坞、天津杨柳青、潍坊杨家埠、广东佛山、福建漳州等，几乎遍及全国。各地都有各自的风格特点，在题材方面有赐福避邪的神像、美女娃娃、吉庆花鸟、小说戏曲故事等。

四、舞台服饰造型图案的形式美

要达到舞台服饰造型图案的形式美，必须注意以下几点。

1. 均齐

均齐也叫对称，其特点是中线两边对称，从而产生稳定感。自然界中的动物，都是按对称的结构生长的，对称使动物产生比例关系上的匀称。我们从民间艺人的鞋样中可以看出，首先将纸对折，然后将剪出的图案展开摊平，中轴线的两边图样是完全一样的，这就是对称。均齐的基本形式有上下均齐、左右均齐、三面均齐、四面均齐等。

2. 平衡

平衡是对称结构形式上的发展，由形的对称转化为力的对称，在外观上表现为"异形等量"。平衡没有对称轴，是一种比较自由的形式，它依靠视觉重心的平衡度取胜。平衡格式易显生动，但处理不当则松散零乱。

3. 节奏

节奏指有一定规律性的轻重、浓淡、冷暖、大小等等的交替。"节奏"一词源于音乐专业用语，属听觉艺术。雷圭元先生在《图案基础》一书中，对节奏有一段十分精辟地论述："人们在生产劳动中开始理解到有条理、有反复的动作给工作增加了效率，对体力减少了消耗，对精力和时间有了节省……"这一见解指出了条理性与重复性为"节奏"准备了条件。由此可见，节奏带有一定的机械美。

重复产生"节奏感"，规律的间隔也产生"节奏感"。在造型艺术的各门类中，对于节奏感的要求有所不同。雕塑艺术追求的是起伏的节奏感；绘画追求的是影像的节奏、线条的节奏、色彩的节奏；平面设计中追求的是位置的节奏、黑白的节奏。

4. 韵律

韵律即音调高低起伏变化而形成的律动线，体现出韵律的舒缓、

流畅。起伏的曲线给人以美感，例如水的流动有快有慢，有急有缓，通过线条的变化可以表现出水的韵律美。花和叶按一定顺序的自然生长，会形成秩序井然的韵律美。韵律是由自由的曲线变化而来，任何形态的组合，只要按照一条理想的曲线进行组合就能体现出韵律美。

5. 对比

对比指形状、色彩、位置以及表现技法、材料工艺等各种差异性、矛盾性的表现。比如形状的大小、粗细，色彩的冷暖、明暗，位置的上下、远近等。

6. 调和

调和与对比相对应，是指各种造型因素的协调关系。单独的一条线或是一种颜色就无所谓"调和"，两个形象或两种颜色以上的关系，就可以对比出是否"调和"

没有调和就没有对比，二者是相对而言的。对比中见调和，在变化中求得统一；调和中有对比，在统一中求得变化。

7. 重复

重复指画面或造型中的形态、线条、色彩的类同和多次出现。单元形象重复的次数少时则单调，过多时会产生呆板感，应适当控制重

复的单位和数量，达到恰当的效果。单元形的面积大而数量少，可产
生单纯有力的效果；单元形的面积小而数量多，则像一片均匀的肌理，
具有轻松感。

8. 渐变

渐变指图案描绘与表现处理上色彩、造型、排列变化的渐层关系
（递增或递减）。如：从大逐渐到小；由粗逐渐到细；由强逐渐到弱；
从明逐渐到暗；等等。

渐变是一种运动变化的规律。例如一个人由远及近，逐渐由小变
大的现象就是渐变。渐变有缓急快慢之分，由缓转急或由快转慢，在
排列上可由上而下，由左至右和多元化渐变等等。

形象的大小、色彩的浓淡冷暖，以及位置、方向、肌理等都可成
为渐变的因素。骨骼和基本形也可构成渐变，其中骨骼的渐变是基本
的变化。骨骼的渐变通常是逐渐地移动骨骼的垂直线、水平线的位置，
以构成渐变骨骼。

五、舞台服饰造型图案的构图方法

米勒说："所谓构图就是把一个人的思想传递给别人的艺术。"没有构思就无所谓构图，构图的过程就是构思逐步深化的过程。构图能力的高低，形式感的优劣是衡量一个设计者是否成熟的重要标志。一般情况下，正方形有一种安全感，如将方形斜置则会失去其安定性，有危险的动感；三角形如金字塔稳如泰山，如将其倒置则是最不稳定的，如从倒置的三角形下边切去一块构成倒梯形，则会使人感到活泼、安全；十字形线是静态的，而旋转涡状线则有强烈的动感；圆形有滚动感，如加一 S 形曲线，就会加强旋转的动势。我国传统的装饰艺术，有许多在构图上不受时间、地点、空间的限制，也不受自然物象的制约，它从理想的角度去尽情发挥想象力，从而构成超越自然，具有浓重浪漫色彩的理想画面。

1. 格律体构图

格律体构图是由几何形的骨骼线构成画面的格式，基本骨骼线有轴心线、平行线、对角线等。如果由这些线作平行移动或交叉错位的变化，又可以形成多种骨式。

2. 平视体构图

平视体构图即画面所有形象内容一律平视，物象没有俯视面和侧立面，形象之间互不相交，互不遮掩，具有自身的完整性。最典型的作品是战国宴乐铜壶上的装饰图案，包括采桑、习射、狩猎、宴饮、歌舞、水陆攻占等。这些内容被分类排列在壶的上、中、下三个部位上，形象简洁生动，造型精练明确。每一组形象不分远近、大小，互不重叠，都处于一条基线上，形象的表达全靠侧面剪影，不受任何透视法则的约束，所采用的平面化、单纯化的表现手法，取得了很强的艺术效果和想象感染力。

3. 自由体构图

自由体的构图方法是先由直线或曲线分割画面，并在分割的骨骼线上或分割后的形状内添加组织形象。这种形式的构图具有相当大的自由性。自由体的构图往往依对象所表现出来的形式美来决定骨骼线的节奏和韵律，所以构图极富浪漫色彩。

4. 组合式构图

这种构图不受生活习惯、题材内容的局限，可将生活中本无直接关系的若干形象，根据主题的需要，通过一定形式创造性地组织起来，使其产生连贯、对比、衬托等作用。这种组合，是打破自然规律的组

合，是符合主观理想的组合。

5. 对称式构图

用对称式构图法构图时，左右对称具有神圣庄严感（如耶稣在十字架上），又有安定、稳固的感觉，但不免呆板。如果能在某一局部作小小的变化，就会使对称中含有不对称的因素。

6. 平衡式构图

采用平衡式的构图，能造成视觉上的流动感。平衡式构图应用于装饰设计，则能使所表现的领域更加开阔，从而产生良好的视觉效果。

7. 对比式构图

对比与调和也是构图中常用的手法之一。世界上一切事物本身无不包含着对立统一，在白纸上点一黑点，造成黑与白的对比，点是实体而背景是虚体，空间包围着实体，因而同时也是虚实的对比。对比式构图，能打破画面中过分统一而造成的单调呆板，无论采用整体或局部对比，都能起到活跃画面，吸引视线的效果。

此外，"量"的安排与"形"的分布，也是构图中要解决的问题。"量"即重量。一般情况下人比动物重，动物比植物重，动的比静的重，深色的比浅色的重，颜色鲜艳的比灰暗的重，近的物体比远处的物体重。同样面积的图形，上部要比下部重，楼和塔类高层建筑物上尖有安全感，底层放大加宽才能负起上部重量。"形"即形象，除主体外，背景也不应忽视，当形或背景有黑白或其他颜色时，它们之间的关系除形的关系外，还有黑白及色彩的关系。

构图中的空白也相当重要，空白处理得好有助于充分地表现形象。在画面中有一定面积的空白，能给欣赏者以想象余地。中国画讲究"疏可跑马，密不容针"，同样适用于图案造型。

从分割到拼合，也是现代构图形式之一。有三种情况可分割：一是作品画面过大，分块制作时自然形成了方块拼合；二是将完整作品分割，从而破坏原来的构图，然后重新组合成分构图，而不是复原；三是同样画面多幅连接在一起，类似二方连续或四方连续，有时局部可有微小的变化。

六、舞台服饰造型图案设计的色彩

服饰图案的色彩是在写生色彩的基础上，进行概括、提炼、归纳、集中和夸张之后变化出来的色彩。它与一般绘画的色彩不同的是：不受光线、环境色、固有色的影响，可以根据需要灵活调配，具有强烈的装饰性、象征性和浪漫性。

色调主要指两种或两种以上的颜色配合在一起的关系，是画面色彩的总体倾向。一般在画面上占面积大的色调为主色调，它是统一画面的主要色彩，其他色彩可围绕主色彩进行搭配。

图案色彩主要有如下特点：

根据不同的要求，色彩的配置或明朗或深沉、或对比或协调、或艳丽或柔和，视具体情况而定。

其一，装饰色彩应符合不同地区、不同场合的不同审美要求。随着人们审美观的提高，装饰色彩应体现新观念，符合时代性，并随着时代的发展不断创新。

其二，由于装饰色彩受器物的工艺技术制约，其装饰处理手法各有特色。所以，以工艺技术与色彩艺术相结合的装饰色彩独具风格。

其三，装饰色彩具有简练、朴实、含蓄、夸张的特点，可根据装饰美的需要，大胆进行主观想象和创造。

其四，装饰色彩着重发现和研究自然景物色彩的形式美，研究自然色调中各种色相、明度和纯度之间的对比调与规律。

其五，应巧妙利用色彩的明快、协调、富于变化的特点，来突出加强其装饰效果。

七、历代图案色彩简述

中国的图案艺术历史悠久，并以其独特的文化内涵和艺术风格闻名于世。

原始时期的图案色彩，基本以黑、白、红为主，具体体现在碗、盆、罐等器皿上的纹样之中，这些纹样以植物纹、编织纹、几何纹、鱼纹、蛙纹等为主。

春秋战国时期的图案色彩，主要表现在青铜器、漆器等器皿之上。青铜器的色彩单一，以铜绿色为主；漆器则以红、黑、朱、黄、白等色彩为主，表现龙、凤、人物等纹样，给人以神秘缥缈的感觉。

秦汉时期的图案色彩，主要表现在画像砖、画像石、织绣、漆器等方面。其中，湖南长沙马王堆一、三号汉墓出土的帛画，色彩浓艳、构图饱满、线条挺劲而流畅，具有强烈的装饰性；漆器的色彩层次丰富艳丽，形象简朴，构图气势豪迈；画像石、画像砖则采用雕绘结合的手法，题材内容十分广泛，形象夸张变形，后世的创作很多都借鉴了此种创作方法。

六朝时期的图案色彩，主要表现在彩塑佛像、浮雕壁画、藻井图案等方面，纹饰以佛、菩萨、飞天、莲花、蔓草、云气等为主。用色主次分明，对比强烈，主要采用青、朱、绿、黄等色彩。

唐代的图案色彩，以唐三彩最为突出。多彩釉制品"唐三彩"，

以青、绿、铝黄等色为主，按物体结构交错流溢，斑斓华丽。在丝织品方面，发明了五彩印染法。吐鲁番阿斯塔娜古墓中出土的唐锦，有人曾作过色谱分析，色彩极为丰富。红有银红、水红、猩红、绛红等；黄有鹅黄、菊黄、杏黄、金黄、土黄等；青有蛋青、天青、藏青；蓝有翠蓝、宝蓝；绿有豆绿、叶绿、果绿、墨绿；以及紫、褐、黑、白等，达24种之多。另外，唐代的墓室壁画，以陕西干县永泰公主李仙惠墓中的为最佳，人物造型丰满生动，线条圆浑、挺劲，色彩对比鲜明，层次丰富。

宋代的刺绣、缂丝、瓷器等精致独特，纹样以牡丹、莲花、菊、宝相花、龙凤、吉祥文字、人物等为主。其中瓷器的色彩以珍珠地、天青、影青、黑釉、绘花、色釉等来体现变化，表现出的是雅致、清秀的特点。

元明时期以瓷器、金银器为主，纹样有植物纹、动物纹、云纹、松竹梅、串枝莲、花鸟等。表现在瓷器上的色彩主要为青花、釉里红。其他工艺品在设色上以重彩为主，常用大红、金、黄、银、宝蓝等色彩。

清代的图案色彩，出现了用侧面光和高光的处理方法，色彩五颜六色，清爽秀丽。纹饰主要有吉祥纹样、动植物、人物、山水、禽鸟等内容。此外，民间年画盛行，虽自明代就已具规模，但到了清代则达到了登峰造极的地步。民间年画风格纯朴、情感真挚、色彩浓烈，具有天然纯朴的装饰效果。天津杨柳青木版年画的艺术特色是色彩艳丽，有的结合粉绘，装饰性较强。苏州桃花坞年画的特色是构图别致、色彩强烈，多采用国外的染料，如洋红、洋绿等，一般用5种色或6

种色涂染。潍坊杨家埠年画的艺术特色是构图饱满、色彩鲜艳，地方特色较浓，用色多以大红、桃红、黄、蓝、紫、黑等鲜艳的色彩为主，以红为基本色调，把鲤鱼绘画成大红色，猪、牛、羊和云彩等也绘成彩色，其色彩既鲜艳又明快，有一种喜庆有余，令人赏心悦目的感觉。

第五讲

舞台服饰造型的材料运用

舞台服饰造型艺术

作为一名合格的舞台服饰造型师，应该非常熟悉自己制作时所采用的材料，并科学合理地运用材料为舞台服饰造型润色，准确体现自己的设计构思，所以对材料的熟悉非常重要。

一、舞台服饰造型的材料种类及特点

舞台服装材料有哪些？所谓舞台服装材料包括服装面料、辅料和各种代替料，即组成舞台服装加工的各种原料的总和。纺织纤维材料通常可以分为两大类——天然纤维和化学纤维。天然纤维直接来自于自然界，又可以分为植物纤维和动物纤维，植物纤维又可以称为纤维素纤维，动物纤维又可以称为蛋白质纤维，如棉纤维、羊毛纤维、丝纤维等；化学纤维主要是通过化学方法加工而成，可以分为人造纤维与合成纤维，人造纤维的原料主要取自于木材、甘蔗、牛奶、大豆、芦苇等天然纤维原料；而合成纤维主要是用煤、水、石油、空气等为原料加工而成，如聚酯纤维、粘胶纤维、涤纶、棉纶等。另外也包括在舞台上以假代真或廓形需要的装饰亮片、鱼骨、泡沫板、PVC 塑料，等等。

天然纤维的纺织面料具有手感柔软、吸湿和透气性比较好的特点，不过这种面料不容易贮藏，如果保存不当很容易被虫蛀或者发霉；而化学纤维的纺织面料虽然手感不如天然纤维那样好，吸湿性和透气性也比不上天然纤维，不过却具有弹性好、强度高、不容易发霉和被虫蛀等特点。

舞台服饰造型的材料是体现形象完美的必要条件。在舞台上，不同的材料通过服饰造型产生不同的艺术效果。例如，不同面料的肌理、棉麻面料的织造特色、丝与麻的轻薄与厚重、真丝与仿真丝面料的悬垂与飘逸感等等，都通过直观形象给人以暗示的作用。

材料能通过它们自身的特殊成分与质地，能在人的视觉中唤起与材料相对应的感觉与情绪，通过外在材料给人物形象某个定义。如绫罗绸缎的华贵、金属质地的厚重与力量，纱的缥缈与虚幻等等，每一种材料都有其不可替代的表现力，这些材料的特质进一步启发了观者的想象力，使塑造的人物形象有了既定的身份。

这些服装材料的隐喻价值为服饰造型开拓了新的领域，材料的选用比生活服装更广阔，材料的价值也更鲜明、更强烈、更有可塑性。

材料根据不同的原材料，可分为针织面料、梭织面料、非织造类面料等。

针织面料是由一根或者一组纱线在针织机中，按照一定的规律形成线圈，并将线圈互串而成，具有质地柔软、吸湿透气、弹性和延伸性好等特点。针织服装穿着舒适、贴身合体、没有拘紧感，能充分展现人体的曲线美。常用的针织面料有针织平纹布、卫衣面料，打鸡布、丝光棉等。其中，针织平纹布通常用来制作夏季穿的圆领 T 恤；卫衣面料通常分为抓毛和不抓毛两种，抓毛类的较保暖，多用来制作冬衣；打鸡布也称罗马布，外观光滑，有一定弹性，质量较为挺括，大多用来制作裙子和外套；丝光棉光泽亮丽，手感较好，并有一定的透气性和良好的吸湿性，手感柔软。

梭织面料是采用经纬两组纱线相交织造而成，具有耐寒、抗皱、透气性好等特点，主要有平纹、斜纹、缎纹、竹节等。

非织造类面料也称无纺布或不织布，它是由定向的或者随机的纤维构成的，属于一种环保衣料，具有防潮、透气、柔韧、质轻、不助燃、容易分解、无毒、无刺激性、色彩丰富、价格便宜等特点。

那么，如何识别面料的正反？一般来说，对于面料的正反面，可以通过手摸、眼看等方法，可以从以下几个方面进行识别：

其一，根据面料的花纹和颜色进行辨识。面料正面的花纹、图案和颜色看起来清楚、明艳、图纹细腻、色彩鲜活；而反面的花纹、图案和颜色看起来模糊、黯淡、图案显得粗糙，花纹缺乏层次。

其二，根据面料的毛绒进行辨识。像灯芯绒、平绒、丝光绒等面料，正反面都有绒毛，正面摸起来手感柔软，绒毛多，而且整齐；反面的绒毛比较少，摸起来感觉比较平整；双面绒的面料，正面的绒毛整齐厚实，反面的绒毛较少。

其三，根据布边的特点进行辨识。面料正面的布边通常显得平整、挺括；而面料反面的布边往往沿着边缘向里卷曲。还有一些比较高档的服装面料，像呢料等，在布边上通常还有字码或者其他文字，而面料正面的文字清楚、明显、干净；面料反面的文字看起来模糊，而且字是反写的。

其四，根据面料的商标和印章进行辨识。一般来说，国产内销的整匹面料都在布料的反面贴有商标、产品说明书，而且还在每匹布或每段布料的两端盖有出厂日期和检验印章。相反，外销的布料，商标和印章都盖贴在面料的正面上。

其五，根据面料的包装形式进行辨识。一般来说，整匹包装的面料，每匹布头朝外的面是反面，如果是双幅面料，那么里面的一层是正面，外面的一层是反面。

其六，像提花、条格类的面料，一般正面的条纹、格子、提花等看起来都比反面明显、有层次，而且颜色光泽显得明亮干净均匀；而平纹、斜纹、缎纹类的面料，正面纹路看起来更明显、清晰，而且正面的布面摸起来感觉平整光洁。

另外，还有的面料，反面的花纹看起来别致，而且色彩也显得比较柔和。像这样的面料，在进行裁剪缝制的时候，也可以视具体情况，把反面作为面料的正面来使用。

对于面料的倒顺也很重要，那么如何识别面料的倒顺？

不同的面料，其倒顺有不同的识别方式。

首先来看印花面料，并非所有的印花面料都有倒顺，所以，关于其倒顺主要根据面料具体的花纹来进行识别，例如，完整的图案、树林、楼塔、车船、人像、花朵等，都不应该颠倒，不然就会影响服装的外观效果。

其次来看格子面料。一般来说，格子左右不对称的面料称为"阴阳格"，格子上下不对称的面料称为"倒顺格"。制作服装时，格子要一致，协调对称，不然的话影响服装的外观造型效果。

最后来看绒毛类面料的倒顺。像灯芯绒、金丝绒、平绒等面料的表面都有一层比较厚的绒毛，顺的颜色看起来比较浅，比较明亮有光泽，用手摸过时，感觉面料的表面平滑；而倒的颜色看起来比较深一些，光泽显得比较暗，用手摸上去时感觉较为粗糙。用绒毛类面料制作服装，务必使整件服装的面料倒顺一致，不然的话，服装的颜色在自然光下看起来就会深浅不一，光泽明暗不同，会影响服装的外观效果。另外，用绒毛类面料制作服装，最好取倒向，即使用的是闪光面料，也需要注意面料的倒顺要一致。

熟练掌握衣料的鉴别方法，有助于对衣料的选购。一般来说，鉴别衣料最常用的方法是感观法和燃烧法。

所谓感观法，是指在选购面料时，利用鼻子闻一闻面料的气味，用眼睛看一看面料的光泽，以及看一看面料染色是否均匀，用耳朵听一听面料被撕裂时的声音，用手摸一摸面料是否光滑、富有弹性，等等。

所谓燃烧法，是先从衣料上抽出几根纱线，再用火点燃，仔细观察纱线燃烧时火焰的颜色，闻纱线燃烧散发出来的气味，观察纱线燃烧后的灰烬，从而对衣料的纤维进行判断。

衣料的鉴别方法

类别	识别方式	
	感官法	燃烧法
纯棉	光泽白净柔和；布料柔软光滑；捏紧布料然后松开，布在上会留下明显的褶皱，并且不容易恢复原状；从布边抽出几根纱线会发现其长短不一致	靠近火时不熔不缩，遇到火迅速燃烧，火焰呈黄色，闻起来像烧纸时产生的气味、燃纯棉烧后的灰烬比较少，灰烬呈浅灰色、灰末比较细软
涤棉	有光泽，比较亮；布面平整、滑爽，弹性比较好，用手捏后松开，能迅速恢复原状，布面上没有褶皱，颜色淡雅柔和	
人造棉	光泽柔和明亮；布面平滑光洁，颜色鲜艳，弹性不好；摸起来比纯棉面料柔软；用手捏紧后松开，有明显的褶皱，而且不容易恢复原状；面料遇到水后发硬而且厚度增加	
维棉	色泽比较黯淡，颜色不鲜艳，手感柔软，布料表面光泽不均匀，下水后布料发滑	
丙棉	看起来像涤棉，但是颜色和光泽不如涤棉柔和、鲜艳，布面也不像涤棉那样光洁平整，手感不柔和，摸起来感觉粗糙；弹性好，用手捏紧后松开，褶皱不明显	

舞台服饰造型艺术

类别	识别方式	
	感官法	燃烧法
纯毛精纺呢绒	也称"薄料子",如华达呢,凡立丁、哔叽呢、派力司、薄花呢、贡呢、女衣呢等。面料表面平整光洁,纹路清晰,光泽自然柔和,颜色鲜艳明亮,手感柔软,温暖而且富有弹性,不容易起褶皱;用手捏紧后松开,呢面能够迅速恢复原状	羊毛面料在靠近火时会收缩,但是不熔,遇到火后会缓慢燃烧,离开火后能够自己熄灰,闻起来像烧头发或者烧羽毛时产生的臭味,燃烧后的灰烬较多,而且灰烬呈黑而脆的小球状,用手一压就会松碎
纯毛粗纺呢绒	也称"厚料子",如海军呢、大衣呢、麦尔登、法兰绒、制服呢、粗花呢等。这种呢料看起来显得厚重,表面有绒毛,摸起来手感丰满、柔软,而且有温暖的感觉;弹性极好,不容易起褶皱;用手捏紧后松开,能迅速恢复原状;呢面丰满	羊毛面料在靠近火时会收缩,但是不熔,遇到火后会缓慢燃烧,离开火后能够自己熄灰,闻起来像烧头发或者烧羽毛时产生的臭味,燃烧后的灰烬较多,而且灰烬呈黑而脆的小球状,用手一压就会松碎
黏胶混纺呢绒	光泽比较暗,色泽也不像纯毛织物那样鲜亮,薄型的看起来像棉布,虽然手感柔软但是不挺括,容易起褶皱;用手捏紧后松开,恢复原状的时间比较慢	遇火会迅速燃烧,火焰呈黄色,闻起来像烧纸时产生的气味,燃烧后灰烬比较少,而且灰烬呈浅灰色或者灰白色
涤纶混纺呢绒	如涤毛或毛涤华达呢、派力司、花呢等,光泽比较明亮,但是摸起来手感不像纯毛织物那样柔和,感觉粗硬;呢面平整光滑纹路清晰,不容易起褶皱,弹性比较好;用手捏后松后,能够迅速恢复原状	靠近火焰时会收缩熔化,燃烧时会产生白烟,火焰呈黄色,闻起来有芳香气味,燃烧后,灰烬呈黑色或褐色小球,用手容易压碎成末

类别	识别方式	
	感官法	燃烧法
腈纶混纺呢绒	如隐条隐格的花呢类面料，其外观看起来像粘胶混纺面料，摸起来手感丰满，有温暖感，弹性比较好，毛型感比较强	靠近火焰时会收缩，遇到火会迅速燃烧，火焰呈白色而且明亮，稍微带有黑烟，闻起来有一股类似鱼腥的臭味，燃烧后的灰烬呈黑色小硬球状，用手容易压碎成末
锦纶混纺呢绒	看起来毛型感较差，表面有蜡样光泽，手感比较硬，呢面平整，用手捏紧后松开，容易产生褶皱，需要较长时间才能够恢复原状	靠近火焰时会收缩熔化，燃烧时有小液滴滴下来，火焰呈蓝色，闻起来有轻微的芹菜的味道，燃烧后的灰烬呈黑褐色小球，用手不容易压碎成末
真丝绸	光泽柔和明亮，颜色鲜艳均匀，用手摸感觉轻柔光滑，并且有清凉和刺手的感觉，用手托起来能够自然悬垂；用力捏紧后松开，有褶皱但是不明显；另外，在干燥时，绸面互相摩擦会发出一种"丝鸣"声	靠近火时卷缩但是不熔，遇到火后会缓慢燃烧，离开火能够自己熄灭，闻起来像烧头发或者烧羽毛时产生的臭味，燃烧后的灰烬呈黑褐色小球状，用手一压就会松碎
粘胶丝织物	也称"人造丝织物"，看起来光泽明亮刺眼，不像真丝绸那样显得自然柔和，用手摸起来感觉光滑、柔软；用手托起来不像真丝绸那样，显得轻盈、飘逸；用手捏紧后松开，容易起褶皱，而且不容易恢复；沾水浸湿后容易撕裂	遇火会迅速燃烧，火焰呈黄色，闻起来像烧纸时产生的气味，燃烧后灰烬比较少，而且灰烬呈浅灰色或者灰白色

舞台服饰造型艺术

类别	识别方式	
	感官法	燃烧法
涤纶长丝织物	表面有光泽，而且明亮刺眼，看起来色泽均匀，摸起来手感光滑、弹性好；用手捏紧后松开，不容易起褶皱，并能够很快恢复平整；用水浸湿后，不容易撕裂	靠近火焰时会收缩熔化，燃烧时会产生白烟，火焰呈黄色，闻起来有芳香气味，燃烧后的灰烬呈黑色或褐色小球，用手容易压碎成末
锦纶长丝织物	表面光泽比较差，色泽不鲜艳，看起来比较暗淡，而且绸面好像涂了一层蜡；用手摸起来感觉比较硬，不像其他丝绸那样显得柔软，不容易起褶皱；用手捏紧后松开，需要较长时间才能够恢复原状	靠近火焰时会收缩熔化，燃烧时有小液滴，火焰呈蓝色，闻起来有轻微的芹菜味道，燃烧后的灰烬呈黑褐色小球，用手不容易压碎成末
麻类织物	如苎麻和亚麻织物，表面光泽黯淡，摸起来布面感觉粗糙、不平整，而且手感硬挺、凉爽；具有较好的吸湿性、透气性和耐磨性；容易起毛起皱，弹性不好；用手捏后松开，需要较长时间恢复原状	靠近火时不熔不缩，遇到火会迅速燃烧，火焰呈黄色，闻起来像烧纸时产生的气味，燃烧后的灰烬比少，而且灰烬呈灰白色
涤纶	这是一种应用最为广泛的化纤织物。与天然纤维相比较，涤纶的光泽不够自然柔和，摸起来手感比较硬，弹性比较好，不容易起褶皱，不过，如果褶皱形成后很难恢复	靠近火焰时会收缩熔化，燃烧时会产生白烟，火焰呈黄色，闻起来有芳香气味，燃烧后的灰烬呈黑色或褐色小球，用手容易压碎成末
锦纶	表面有光泽，看起来像涂了一层蜡，耐磨，不像涤纶那样硬挺，与其他纤维织物相比更容易变形	靠近火焰时会收缩熔化，燃烧时有小液滴滴下来，火焰呈蓝色，闻起来有轻微的芹菜味道，燃烧后的灰烬呈黑褐色小球，用手不容易压碎成末

类别	识别方式	
	感官法	燃烧法
腈纶	毛型感比较强，弹性比较好，颜色光泽显得鲜艳；用手捏紧后松开起褶皱，不容易恢复原状，容易变形	靠近火焰时会收缩，遇到火会迅速燃烧，火焰呈白色而且明亮，稍微带有黑烟，闻起来有一股类似鱼腥的臭味，燃烧后的灰烬呈黑色小硬球状，用手容易压碎成末
丙纶	外观看起来蓬松，摸起来手感轻盈柔软，不容易起褶皱	靠近火时会收缩熔化，遇到火焰后会缓慢燃烧，火焰呈蓝色，而且明亮，闻起来像烧纸时产生的气味，燃烧后的灰烬呈硬块状，可压碎
氨纶	与其他纤维织物相比，弹性比较好，用手捏紧后松开，能马上恢复原状	靠近火焰时会边熔边燃，燃烧时火焰呈蓝色，离开火焰后会继续熔燃，并且会散发出一种特殊刺激性的臭味，燃烧后的灰烬呈软蓬松黑灰状

常见衣料优缺点及应用

名称	优点	缺点	种类
纯棉	吸湿性和透气性好；柔软、舒适、保暖；色泽鲜艳，颜色丰富；耐湿耐晒；不易被碱腐蚀；不容易被虫蛀	耐酸性较差，弹性较差，容易起褶皱和发霉	府绸、平纹布、泡泡纱、帆布、哔叽、华达呢
毛料	主要原料是羊毛，吸湿性较好，穿着柔软舒适，无潮湿感，颜色丰富，遇水不容易掉色，耐酸性较好，弹性好	耐碱性差，不宜长时间在日光下曝晒，容易发霉和被虫蛀	派力司、华达呢、法兰绒、粗花呢

第五讲 舞台服饰造型的材料运用

舞台服饰造型艺术

名称	优点	缺点	种类
丝绸	主要原料是蚕丝，舒适透气，保暖吸湿，轻盈凉爽，弹性和抗皱性都优于棉和麻，颜色丰富，遇水不容易掉色	容易发霉和被虫蛀，不耐晒	绸、纺、纱、绢、葛、锦、绫、罗、绒、绉、呢、绨、哔叽
麻料	舒适，不粘身，凉爽透气，吸湿性好，强力大，耐磨性优于棉	花色品种比较单一，与棉相比容易掉色	棉麻、毛麻、涤麻、混纺
黏胶纤维	弹性好，耐酸性和耐碱性较好，不容易发霉和被虫蛀，耐晒性较好，手感较硬，不容易起褶皱和变形，成衣尺寸比较稳定，而且缩水率小，容易洗涤，干得快	弹性较差，容易起褶皱变形，耐酸性和耐碱性均不如棉，不能在阳光下长时间曝晒，否则容易变软变脆	人造棉、人造毛、人造丝
涤纶	手感柔软、吸湿性好	吸湿性差，不透气，容易起球，容易脏	涤纶与棉、毛、丝麻等的混纺面料
腈纶	弹性好，柔软、保暖，耐晒耐热，耐酸，不易腐蚀，不易发霉和被虫蛀，不易吸水，容易洗涤，干得快	耐碱性差，遇稀碱或氨水时会发黄变色，不耐磨，穿着时不透气	毛线、毛毯、腈纶混纺呢绒
锦纶	耐磨、弹性好，吸湿性优于涤纶和腈纶；耐碱；不发霉，不怕虫蛀，不腐烂	不耐浓酸，容易变形，耐热性较差，长期日晒后容易发黄，久穿后容易起毛球	

名称	优点	缺点	种类
维纶	也称合成棉花，吸湿性好、耐穿，透气，耐光和耐碱性较好，不容易发霉腐烂	在热水中容易变形，容易起褶皱，色泽黯淡	
丙纶	耐磨、弹性好、耐酸耐碱，不怕虫蛀，不腐烂，重量轻，结实耐穿，挺括、不易变形，易洗快干	耐热性不好，不能长时间在日光下曝晒，手感不柔软，穿着时感觉不透气	

当衣料用水浸泡，或者在洗涤和熨烫时，会产生一定的收缩，这种现象称为缩水。

面料不同，缩水性也不一样。面料缩水性的大小通常用缩水率来表示。有的衣料吸湿性强，如棉、黏胶纤维、维纶等，那么这类衣料的缩水率也会比较大；有的衣料质地稀疏，那么与质地紧密的衣料相比，其缩水率也会比较大。因此，在购买衣料的时候，必须要考虑到衣料的缩水率。缩水率大的衣料可以适当多买，并在裁剪制作前，最好先将衣料浸泡在水中进行缩水，以免在制作成衣后尺寸发生比较大的变化。

服装面料和服装设计密不可分。不同的服装设计需要依靠不同的服装面料来实现。例如质感厚重的面料能体现出服装稳重豪放的风格，可以用来展现穿衣人粗犷、沉稳的性格。轻薄的面料能体现出服装的轻盈飘逸，可以用来展现穿衣人洒脱、灵动的性格；挺括的面料能使穿衣人显得端庄、稳重；柔软的面料能让穿衣人感到舒适自如。所以，进行服装设计时，应该将设计风格与服装面料完美地结合在一起，使

其达到最佳效果。

服装在制作过程中还要通过推、归、拔、缝制、熨烫等工艺，使服装更符合人体的体型。虽然服装的制作不能离开面料，但是有了好的面料并不等于就有好的服装。好的服装还离不开精湛的制作工艺。因此，服装面料和服装制作的关系也非常密切。

缝制服装时，需要根据面料的厚薄、轻重来调节缝纫机线的松紧程度。如果衣料质地、紧密、厚重，底线就要适当调紧，针脚也要稍微大一些；如果衣料质地轻薄，底线就要稍微松一些，避免在缝制过程中产生皱缩。

如果工艺中采用吃势，那么在缝制绱袖、前后片肩时，天然纤维面料的吃势需要比合成纤维面料的吃势多一些，而质地疏松的面料也需要比质地紧密的面料吃势多一些，厚实的面料需要比轻薄的面料吃势多一些。

在对服装进行熨烫定型时，也需要考虑衣料的性能特点，并根据不同的面料选择不同的熨烫温度和喷水条件，使服装能够达到令人满意的效果。例如，涤纶面料适合用蒸汽熨烫的方法来熨烫，经过这种方式熨烫的服装，即使洗过多次，也能够保持原状；而维纶或者维纶混纺布则最好垫干布进行低温熨烫；羊毛纤维的服装适合垫湿布进行高温熨烫；丝绸面料、棉麻面料的服装的熨烫低温就可以了，温度不宜过高。另外，在熨烫时，垫布最好用稍微厚一点的原白色纯棉布。

在日常生活中，人体的肩、背、膝、臀这些部位通常活动量大，所以这些部位通常需要面料坚固牢靠一些，不容易变形，所以，在做裤片衣片的时候，长度一定要直丝缕（经向）方向，并借助直丝缕不容易伸长变形的特点使门襟平服、后背挺括、裤线垂直。服装中的挂面、裤腰面等零部件也应该取衣料的直丝缕，而胸围、臀围等围度，则通常选用面料的横丝缕（纬向）。袋盖、领面等通常也用衣料的横丝缕，使服装的这些部位线垂能够取得丰满、贴服的效果。斜丝缕的弹性和伸缩性比较好，适合用来做童装、裙子的侧缝，以及女装的嵌条、绲条等，或者用在育克、前后侧片、镶色等方向与直丝缕方向。

还需要注意的是，如果领面、袋盖用横丝缕制作，那么领里、袋里也需要用横丝缕，这样才能使里外伸缩性一致，否则外观容易出现缩皱等现象。

服装裁剪是服装缝纫的基础，在裁剪时，首先需要保证裁剪出来的衣片和样板之间的差错要尽可能小。如果衣片和样板的差错超出了一定范围，做出来的衣服就会变形走样。

其一，在裁剪开始前要做好准备工作，如辅料、画样等。铺料时，要保证每层衣料的表面平坦，不能有褶皱、歪曲等现象，否则裁剪后容易使衣片变形、加大缝纫难度，影响服装效果。有条格、花纹等图案的衣料，在铺料过程中更要仔细对齐。

其二，裁剪要按照一定的顺序，先横断、后直断，先外口、后里口。

其三，裁剪时要注意用刀的手法。在衣片拐角处，以角的两头不同进刀裁剪，不宜连续拐角裁，这样才能保证裁剪的精确性。在裁剪时，左手轻轻按压住衣料，用力宜均、柔和，不要歪斜；右手推刀要轻松自如，快慢有序。

其四，在裁剪过程中，要保持剪刀垂直。裁片的边缘要光亮顺直。打刀口时，定位要准，剪口不要超过 3 毫米，而且要清晰持久。

二、舞台服饰造型的特殊材料运用

舞台服饰造型除了要运用一般的面料之外，对一些特殊材料的运用也非常重要，由于其不同的质地特征与表象，可以更好地服务于角色。特殊材料特有的组织构造与材质感觉，在舞台上给人以不同的视觉感受。例如，色泽不同的人造宝石镶嵌在厚实的绸缎上，可以以假代真，同样显得高贵典雅，给角色做出身份的判断。

服装面料的形态美感主要体现在材料的肌理上，肌理是通过触摸感觉给予的不同的心理感受，如粗糙与光滑，软与硬，轻与重等，肌理的视觉效果不仅能丰富面料的形态表情，而且具有动态的、创造性的表现主义的审美特点。因此，从服装面料的肌理的运用和表现上，可以直接看到舞台服饰造型的观念表达是否准确到位。

在整体面料上，利用刺绣、扎染、蜡染、叠加或堆积等工艺手段，把线、绳、带、布、珠片等材料运用其中，使织物产生新颖视觉效果。随着现代数码印花技术的发展应用，印花织物或印花与珠绣等特种工艺的结合广为流行，使面料形态的设计方面更加丰富，还可以彩绘各种图案、针织及特殊纹理效果。如泥点、枯笔、渲染等特殊效果的花杆组合；添加珠片、缎带、镜子等各种形状和材质的装饰裙。采用荧光染色、有光涂层、金银丝等方式增加面料的闪光感。在完整的面料上，人为进行切割或强力撕裂、劈凿等强力破坏，使材料分离产生规整性分割或留下各种不规则形态。

1. 面料再造的立体设计：利用传统手工或平缝机等设备对各种面料进行缝制加工，也可运用物理和化学的手段改变面料原有的形态，形成立体的或浮雕般的肌理效果。一般所采用的方法是：堆积、抽褶、层叠、凹凸、褶裥、褶皱等，多数是在服装局部设计中采用这些表现方法，也有用于整块面料的。选择什么样的材料，用何种加工手段，如何结合其他材料产生对比效果，以达到意想不到的境界。

2. 面料再造的增型设计：一般是用单一的，或两种以上的材质在现有面料的基础上进行黏合、热压、车缝、补、挂、绣等工艺手段形成的立体的、多层次的设计效果。如：点缀各种珠子、亮片、贴花、盘绣、绒绣、刺绣、纳缝、金属铆钉、透叠等多种材料的组合。

3. 面料再造的钩编设计：各种各样的纤维和钩编技巧，以不同质感的线、绳、皮条、带、装饰花边，用钩织或编结等手段，组合成各种极富创意的作品，形成凸凹、交错、连续、对比的视觉效果。

4. 面料再造的处理手法：在表现形式上，也可以用面料再造的形式，在普通的面料上做一些处理。

（1）连接是作为面性材料的织物常用的再设计手法。连接法又可分为缝接和粘贴。

（2）剪贴是直接用剪刀在服装面料上需要的部位剪出所需要造型

或者剪开再通过缝补和补缀做出造型的方法。剪贴包括剪缝、补缀、剪切等。

（3）搓合是线性材料常用的设计方法，搓合多数是以两只手捻搓成型，有时也会用纺锤之类的工具将较粗的线材搓成型或编成型。

（4）镂空是对整体性服装材料进行破坏，采用挖、掏、捅等方式，营造出通、透、空、漏状。可通过挖花、剪花、镂空、激光等方法获得。镂空包括镂花、镂孔、镂空盘线、镂格等。缀饰就是在服装上加缀某些造型的设计。

（5）褶裥通过对面料曲折变化带来微妙的动感和立体量感的装饰效果，褶裥的工艺手法包括抽皱、压褶、捏褶、捻转、波浪花边、堆叠、层叠等。

（6）抽纱是指抽去面料的经纱或纬纱，面料的经纬纱有时是同色的，有时是异色的，抽纱后的面料会具有虚实相间或色彩相间的感觉，有时还会露出里面的皮肤色或服装色，加强了服装的层次感。

（7）压印是指通过特殊工艺在服装面料上压出所需要的图案和纹样，通常压下去的部位是凹下去的，没经过压印的部位是凸起来的，在面料上形成很好的肌理效果。

（8）扭曲是指利用软性面料的可塑性，使用揉、搓、拧等手法将面料进行拉伸翻转，从而使面料表面形成某种肌理效果的方法。

（9）喷绘是利用喷笔或喷枪等工具，将调和好的颜料喷着在面料表面的一种方法。

（10）扎结是把珠子、扣子、棉花团或腈纶棉等填充物放在较为柔软的面料下面，再在面料的正面进行系扎，或者直接用面料在面料表面系扎。

（11）做旧是利用纺织面料的物理性能，经过化学腐蚀，产生新的外观，如部分缩绒、起球、变色，或者利用经纬纱线的不同材质，经腐蚀处理后产生经蚀存纬或纬蚀存经的烂花效果，如利用聚酰胺单丝和棉纱织成面料，用化学制剂溶蚀纤维素部分，形成鬼魅般样式。旧是利用水洗、砂洗、漂洗、染色、撕刮等手段处理面料，使面料呈现出一种陈旧的感觉。

（12）堆叠对材质加以外力作用，进行拉伸或挤压使基本造型元素形态变形，产生具有多种生命力的造型，例如缩褶法、折缝法或者利用物理变形人工卷花等。为满足现代消费者标新立异的心理需求而追求根据材料肌理的对比与组合运用，如用针织物和真丝纱罗两种不同面料的结合，或在同一件服装中，同时运用折叠、镂空、缝缀等再造手段等。在织物的设计上也开始流行形成新结构的几种手段复合应用于同一品种，如把不同原料、不同纱织、不同捻度和不同颜色的纱线交替使用，相互融合在同一织物中，会产生出丰富的色泽和新颖的面料结构。堆叠是将服装面料或其他材料按照设计需要一层层堆放叠合。

（13）刺绣是最传统的服装面料装饰手法。绣线的针路和凸起的花纹使图案具有浮雕式的独特的造型美。刺绣有手工刺绣和电脑刺绣。

（14）编结主要是指用手将线性材料缠绕盘结或者用棒针、钩针将毛线或丝线、纱线等编结成型，编结的图案和花形变化非常丰富。

（15）打结绣中国人传统的打结绣，又称作布浮雕，西方人称smocking，它是一种立体化构造，也是一种较独特的接合构造。

三、舞台服饰造型的特殊工艺运用

舞台服饰造型的手段与戏剧人物类型化、特征化、史实性有关，舞台服装工艺上的特殊性非同于一般生活。

1. 撑裙箍

撑裙（Farthingale）与箍裙（Hoop Skirt）是舞台上表现16世纪欧洲戏剧女性角色的常用款式。制作上先做成裙箍，然后在上面铺设面料，裙箍的材料有弹性钢片、竹篾及铁丝等。裙箍的大小有一定的要求，长度从腰到踝骨，腰围正常，裙底的围度视设计而定。

2. 填充

舞台服装出于性格的刻画，造型上为了改变演员的本来形体，像老态龙钟、驼背等特殊形态，用一些填充物来塑造所要求的形象，填充材料有海绵、棉絮、泡沫等。

3. 臀卷垫

臀卷垫在表现 19 世纪末欧洲女性服装形象中必不可少。称为"永不怀孕型"女裙的造型，这种款式用臀垫来处理。

4. 膨袖

袖式的变化强化了服装造型，也反映了时代的特征，是 19 世纪末服饰形象袖式的准确体现，结构上需在袖片基形上做放量处理，形成膨起效果。

5. 手绘

舞台服装为塑造角色形象，处理上不拘一格，有些色彩与图案没有现成的面料与之匹配，必须用面料颜色在面料上绘制，这种形态，这种浓烈夺目的效果只有通过手绘才能随心所欲，在图形的风格上、位置上达到设计要求。提供手绘的材料有两大类，一类是厚质的纸品；另一类是薄形（宜淡色、白色为佳）的平纹类纺织品，质地粗糙色彩灰暗的纺织品不宜手绘，图形需用拼贴、绣缀处理。

手工绘画所用的材料有酸性染料与直接染料，酸性染料适用在丝织品上作绘；直接染料适用在棉、毛、丝等织物上。但这两种染料在绘制后均需进行蒸洗、固色等后处理，在舞台上，手绘服装的原料可用直接涂料，它适合在各类纤维上作绘，使用方法如同国画颜料一样，不足的是手绘制的地方手感较硬。

第六讲

舞台服饰造型巧搭配

服饰对于人，犹如金装在佛，其作用不仅在于遮身暖体，更具有"装饰"功能。几乎是从服饰起源的那天起，人类就开始将生活习俗、审美情趣、色彩爱好，以及种种文化心态、宗教观念等沉淀于服饰之中，构筑了服饰文化的深刻内涵。

作为一名舞台服饰造型设计师，在设计舞台服饰时首先必须遵循TPO原则，什么是TPO原则呢？T是time（时间）；P是place（地点）；O是occasion（场合）。也就是说，当你在舞台上要穿某一件衣服时，首先要考虑这身装扮是在什么场合出现，要和什么人见面，必须因地制宜，适应场合变化，装扮出适合角色的气质与风度，并适合身份的舞台服饰形象。

一、舞台服饰造型搭配原则

　　舞台服饰造型应以符合人物的身份为主，不应因角色个人的主观要求而受影响。在给角色设计衣服时，有的角色会私下要求设计师把自己打扮得帅气一点，或者是再漂亮一点。有的人会认为流行的就一定是好看的，全然不管面料的质感、粗造的做工以及五彩斑斓的款式，盲目地接受时装的影响，这都是不可取的。舞台服装设计师一定要有自己的主观意见，不同的场合选择不同的服饰搭配。

　　例如，一位在舞台上的成功女性，适合在舞台上搭配的服饰为：①适合在办公场合穿着的服装依次为裙套装、洋装、裙子与上衣、洋装配一般外套。②适合在办公场合的服装颜色是：灰、炭灰、中等蓝色、深蓝、骆驼黄、黑铁灰、深褐、灰褐、深黄、深红褐、白等。③裤袜：皮肤色或接近肤色、浅咖啡色，其他的颜色均不恰当。④鞋：中跟、低跟、包头，中性或深色调的色彩。⑤化妆：化妆以清淡为主，切忌浓妆艳抹，口红一定要涂，但不要太艳太浓要保持嘴唇湿润。⑥发型：长不过肩、短不露耳，自然波浪或以直发为主，染色以稳重的重色调为主，切忌花里胡哨的颜色。⑦首饰：点缀性的一两件小巧、简单的为主，价格低廉的仿制品不要考虑。

二、舞台服饰造型巧搭配

　　衣服不是一种没有生命的东西，它不仅是布料、花色和缝线的组合，更是一种社会媒介工具，当我们一眼看见迎面走来的女性，便会立即从她的衣着和神态中，对她的职业、年龄、情趣和修养等做出判断：她是一个什么样个性的人？她是不是积极向上的？她是不是对生活充满热情？她是否有领导能力？举一个简单的例子，一位打扮入时的女职员和一位穿着稳重大方的女同事在办公室与别人交谈时，人们会自然地猜测前一位是在聊天闲谈，而后一位可能是在谈论工作大事，这种因服装和打扮影响到别人的判断是很微妙的。所以服装能提升一个人的形象，同时也能破坏一个人的形象。在目前的女装款式中，裙式套装已被公认为是最适当的职业装了，几乎成了一项不成文的规定。在舞台上衣服的质料宜选挺括的，以不皱为原则，纯棉纯麻的衣服易皱，太薄太轻的衣料，会有不庄重之感，花色衣服应挑选带有规则图案或花纹如格子、条纹等，以显得稳重大方，精神焕发。

　　科学研究发现，蓝色的衣服能对人起到平静心理的作用，有效削弱人们烦乱的情绪；而红色会显得热烈，黄色显得高贵，绿色则预示和平，白色代表纯洁，黑色观感庄重，灰色略显典雅。在服装设计搭配时加上颜色的明度与其他不同色调的不同组合，其含义就变得更为丰富。衣着颜色搭配好就会感到美观、和谐，搭配不好就会使人在心理上产生乱、杂、花、怪的不适感，从而大大降低舞台人物的形象和气质。

1. 舞台上的女性美

女性的体形，各个历史时期都有它独特的审美标准。"女为悦己者容"，女性对于美的追求历来是男性眼中的标准，她们按照男性的审美标准而改变自己的审美观念。譬如，在远古时期，人们基于对生殖繁衍能力的崇拜，女性的乳房和臀部以健硕为美。古希腊时，传说有三位女神参加竞赛比美，最后获胜的是臀部最丰满的维纳斯。世界上有些地区认为臀部是最能体现女性魅力的形体部位。因而至今居住在格陵兰岛的某些部族妇女仍保持着一种"刺兰"（即文身）的皮肤化妆法，在乳房和臀部等部位进行文身以此取悦于男子或博得丈夫的青睐。

我国古代社会是男权社会春秋时期以前，对于形体美的认识只限于人体上部，更重视五官的形色；至战国时期，屈原和宋玉才开始描写女性的纤腰之美，提出"体更娟""容则秀雅"等审美观点。由汉至唐，对形体美的认识扩大到全身各个部位。汉唐更求女性健硕、丰颐、肩圆、胸阔。宋代要求女性婷婷端丽，身材合度；至明清，则视女性娇柔削肩小平胸、细腰为美。

至21世纪初，随着社会文明的进步，女性逐渐摆脱取悦于男子的审美观念。在西方，她们开始走出户外，与男子一样进行日光浴、游泳等活动，脱下了束缚自己体形的装束，穿上游泳衣，让自己的身

体获得解放。20世纪以后，一般西方女性的体形从以纤弱斯文为美的观念逐渐过渡到以自然、开放为时尚。20世纪60年代以来，西方女性体形的审美观念更有回归自然的趋势，即视古希腊女性为偶像，强调健、力、美，追求身躯灵巧，腰部舒展，四肢修长，乳房丰满，腹部扁平，臀部圆实，肌肤具有弹性和矫健的古铜色。有些女性不但积极追求体态的正常完美，而且更进一步寻求体格似男性的壮实坚韧之美。

20世纪80年代以来，随着社会生活节奏的加快，女性更要求自己具有运动员式的竞技力与弹跳力，在保持天然体态美的基础上，她们通过迪斯科舞蹈、溜冰、网球和健美体操等器械健身方法，将自己塑造成刚柔兼济的女性形象。有人说，这样发展下去，女性将失去柔和美。但世界形体学家认为现代女性追求真正的健、力、美，是对长期以来"女为悦己者容"观念的挑战，是摆脱男性意志的支配，建立女性社会地位刚强自信的表现。现代心理学家和社会学家也认为现代女性追求健硕而自然的体态，不但增加了原有的女性魅力，更重要的是通过审美观念的改变，树立起她们独立自主的社会存在价值观。

我国女性从"五四"运动以来，形体的审美观念发生了变化。其主要特征是摈弃束胸和裹足的传统陋习，重新获得了躯体舒展和行动的自由；然而由于几千年封建思想残余的影响，女性形体审美观念的改变是缓慢的、含蓄的。

我国现代女性形体审美观念，因受西方观念的影响而加剧改变。健、力、美也同样为我国女性所追求，所不同的只是她们的追求仍保持着东方民族的含蓄性。

女性体型审美观的演变，也自然从各个历史时期和各个不同民族的服饰演变中反映出来。

2. 舞台上的女性形体美的特征

人体是以直线的身躯为中轴，对称的四肢可屈可伸，使人体能够保持均衡、和谐和稳定。人体肌肉成形起伏的曲线与整体的直线在动势中产生千变万化的有机组合，从而形成微妙的节奏感和韵律感。这种美感的奥秘何在呢？早在古希腊时期，数学家毕达哥拉斯就运用数学的原理，论证发现 1：0.618 这种确定的比例能使人产生美感，人称"黄金分割律"。意大利绘画大师达·芬奇对人体做过详尽的研究，证明凡是美的人体都符合这样的比例。

女性人体的八头身之比（以头长为身长的比例单位），是古希腊和文艺复兴以来美的标准比例；东方女性的身材较西方矮，一般以七头身之比为准。比较起来，东方女性矮的部位是身躯短 1/2 单位，腿短 1/2 单位。因而从整体看，身材不像西方女性那么修长。其标准比例是下颌至乳头为一个单位，乳头至脐为一个单位，脐至臀为一个单位，臀至膝为一个单位，膝至小腿肚为两个单位，小腿肚至脚为一个单位，再加上头长，共为七个单位。肩的宽为 1.5 个单位，腰的宽度为一个单位，臀的宽度为 1.5 个单位。凡能基本符合上述比例的女性，从整体上看就是美的。然而，不论东方还是西方女性，她们为了给人更加修长苗条印象，最普遍的办法就是穿高跟鞋，使自己腰线以下的腿部加长。从视觉上看，确实是亭亭玉立了。（图 15）

图 15　话剧《假面舞会》中的舞蹈小姐

[苏联] 戈洛文（Алексáндр Я́ковлевич Головѝн）

那么，女性体形各部位要有哪些美的特征呢？

其一，头与肩。头的长宽合度，脸型端庄，五官对称协调，双目含辉，肤色滋润；颈项曲线流滑，与肩线、背线、胸线交接柔和。两肩对称而圆润，无耸肩、垂肩或缩肩之感。

其二，胸部。女性的乳房（包括胸廓），由于皮下脂肪丰富，肌肤细腻，富有弹性，形如圆锥状或碗状，因而曲线起伏变化微妙，是女性形体美的主要象征。从咽喉至两乳头，呈等边三角形，两乳房丰隆而挺拔，能显示出女性的青春魅力，所以人称"金三角"。反之，如呈现非等边三角形，则有胸部萎缩或松弛下垂之感了。

其三，腰部。女性的腰呈扁圆形，腰线在肚脐稍上，是连接上下躯干的屈伸扭转的纽带。

从侧面看，乳头至腰延伸到臀部之间的幅度呈一个大"S"形，这条弧形曲线通过腰部的柔滑流转，形成动人的节奏和韵味。其间，腰的柔韧性线条是产生这种"二位一体"美感的主旋律。

其四，臀部。女性臀部的两个对称半圆弧线，应结实而富有弹性，半圆弧线以适度为美，如弧线过于下垂或与大腿部连接处显平直薄窄则为不美，过分肥硕或向左右两侧臃起就更难看了。

其五，四肢。双臂左右平伸，其宽度应与身长相等；上臂至臂肘过渡的曲线应自然。双腿修长，特别是小腿肚（腓肠肌）的部位以稍高和丰满为美。从正面或侧面、背面看，自臀底至脚背、脚跟，连续的"S"形曲线给人以挺秀、流畅的感觉。四肢关节灵活而外形不明显，手掌与脚掌宽度比例基本相同。

从上述特征分析来看，除头部外，最能体现女性体形美的是肩、

胸、腰、臀、腿这几个部位。由于这些部位的形体结构引起了曲、折、圆、直、起伏、缓急的线条变化和体积变化，因而最能显示出女性体态的魅力。

总之，女性形体美，是决定服饰美至关重要的内在依据。

三、舞台服饰造型的错觉

在舞台上，利用视线观感的错觉规律来选择服饰造型，能使人物形象外观更加扬长避短。

整体款式的错觉——上身宽松的服装能引导视线向上；相比之下，下半身体形如有某些不足之处就会减弱视线的注意。反之，下半身宽长的服装（如裙褶宽长、下摆圆周较大的裙子，能引导视线向下；相形之下，上半身体形如有某些不足之处就可以冲淡视线。可以利用这个错觉规律，根据体形的高矮胖瘦，来选择和调整衣裙的松紧和长短。

1.线条、褶裥的错觉

服装的裁片分割缝制线和褶裥等饰线，也能使人产生错觉效果。

服装上的水平线重点如果放在肩部，肩以下部位就会有增长感。水平线的部位低，则会有短缩感。用这个错觉规律，也可以调整体形横向与纵向的比例。

服装上的前片中缝、垂直褶裥和单扣门襟等缝接线或装饰垂直线条，能产生细长的错觉效果。但垂直线排列的间距较宽，则细长感会相对减弱。服装上的前后两侧裁割，有时采用斜线或兼弧线拼装（如"V"形、"Ⅱ"形），能产生肩背增宽而腰变柔细的错觉效果。（图16）

2. 纹样和面料质地的错觉

面料上的纹样图案或格子较大，体形就显得宽胖，矮小的女性应忌穿。纹样图案的间距、排列趋向和大小也会引起对体形的错觉；横向纹样密而大的有增胖感，竖向纹样小而密的有增长感，斜向纹样与弧线效果相似。

面料质地柔薄光滑的服装，会使体形显得苗条一些。质地蓬松、毛茸或闪光的服装，会使体形显得宽胖一些。

3. 色彩的错觉

暖色调和浅鲜的色调，会增强体形的丰满感。冷色调和深暗的色调，会缩减体形的宽胖感。利用这种错觉来进行色彩搭配，可以调整上下身的观感比例。

图 16　话剧《伊尔库斯克》中的谢尔久克　徐丽慧、余潇潇

4. 点缀饰品的错觉

饰品所饰的不同部位，也会引起人们的错觉。譬如，在头顶上扎一个大绸结，能产生增高感。戴大圆耳环，能使脸庞增宽。戴一串长珠项链，会使颈项颀长。挎一个细长带的小包，也会有体形增长的感觉。

四、舞台服饰造型对体型缺陷的修饰

对照以下的局部缺陷，可以利用服饰扬长避短。

1. 脸型

圆脸避免任何一种与脸型同形的领口或发型，尤忌圆领口，长至下颌的圆发型、高领口的马球衫或连带有帽子的衣服。不宜戴大圆耳环，应当戴耳坠或极小的链式耳环。应剪外轮廓较方直的发型，用头发将脸细长地挡起来。宜穿"V"形领、翻领或敞领衣服。方脸避免任何一种与你的脸型同形的领口或发型。尤忌方形领口和长至下巴轮廓较方直的发型，忌戴宽大的耳环，宜采用卷的或直的长至

肩膀的发型。宜穿"V"形或勺形领，翻领或散领的衣服也可。可戴耳坠或小耳环。长脸避免任何一种与你的脸型同形的领口或发型。不宜选"V"形领和开得低的领口。忌留长直的头发或剪得极短的发式，不可戴长而下垂的耳环。应穿圆领口的衣服，或高领口、马球衫和带有帽子的上衣。宜将齐下巴的头发烫成团状或卷状，戴宽大的耳环。

2. 颈型

短颈：直的或卷的长发会使颈部显得更短。不宜穿高衣领或戴紧围在脖子上的项链。任何短发型都会使你的脖子有增长感；应穿敞领、翻领或低领口的上衣。粗颈：忌短发、圆领。（图 17）

3. 如何掩饰身材的缺陷

对上半身较长的人，可以适当地把腰围线提升，一名有经验的打板师在打板时，会把腰围线适当地提升 1—2 厘米，其目的就是为了在视觉上提高人的视线，从而凸显身材的修长，这就是利用人的视觉原理来修饰体形。特别是上半身较长的女性一定要穿着腰线设计较高的服装。除了服装还要考虑以下几个方面。

第一，发型，应选择密贴于头部的短发。第二，化妆时，为了使脸部显得小些，必须使用较浓的化妆法。第三，穿着有垫肩的服装，使肩膀略有提高，如此把腰围线提高约 5 厘米，且应使用较宽大的腰

图 17　话剧《伊尔库斯克》中的拉丽莎　徐丽慧、余潇潇

带。内衣最好采用无衣袖的或束腹，下半身应穿显得修长或下摆小的服装。第四，鞋子的颜色应选褐色或浅褐色，而且必须与服装的颜色相搭配。

对于腰部缺乏曲线的女性，会使人的整体美感大打折扣，使女性的气质被埋没几分，腰部很粗，自然就没有曲线，如果再加上其他部位偏胖，就更不如人意。而腰太细髋骨就突出，也缺乏女性应有的柔顺美感。腰部比较粗的女性，千万不要为了掩饰腰部的不足而刻意选择没有腰身的式样，像袋状的衬衫，盒状的开襟毛衫及双排扣短外套等，这样的衣服会完全掩盖女性所具有的特点，对塑造身材毫无帮助。

首先应选择一件紧身衣，再买一件精致的大 V 字领上衣，它配合紧身的小衬衫能充分展示上身的曲线，内外两件衣服的松紧结合，能创造出很好的穿着效果。

夏季的小衫要选择腰间系带子的式样，可以根据自身的状况来调节带子的松紧，形成柔美的自然曲线。

春秋季的外套，要挑选腰部剪裁细致，可以很好塑造形体的，有公主线并能充分展示腰部曲线美感的款式，如前拉链的合体短款上衣、系带子的裙子、比较合身且面料柔软的套裙等。要远离没有腰身的款式，比如直裁的风衣、连体的筒形连衣裙，尤其是无腰带的大衣，这类衣服好像布袋一样套在身上，完全抹杀了女性的曲线。

对于臀部过大或过小的女性，松弛的低腰裤和肥腿裤，适合臀部丰满者穿，低腰式的裁剪至少可以使你的臀部看上去缩小一半，适当的肥瘦，也能够很好地掩饰臀部的缺陷。但是衣裤过分肥大，势必影

响体形，合理地搭配服装很关键。选择衣服要用柔软而不贴身的布料，外形上应采用"A"形或略为展开的裙子，配以柔软而且带有褶裥的罩衫，还有任何大格子和大花的裙子。衬衫式或运动式外衣长度略盖过臀部是个聪明的掩饰手段，要避免强调臀部的裤褶裙。上衣的长度是最值得注意的问题，短款夹克是禁忌，它不属于臀部丰满的人，直筒形长衣会紧紧包裹你的臀部，它不能把臀部丰满者的体形塑造得更好。而稍长一些的式样就好多了，尤其是后开襟的大上衣，它能更好地显示出女性的形体特征和曲线美。

臀部小的人的体形，犹如少女的体形，应穿具有女性气息的衣服，随便穿哪一种都美观。但是无论穿任何款式都无丰满圆滑感，几乎令人感觉骨瘦如柴，因此应注意女性动作的柔美，避免僵直呆板。

身材超高的人，须注意自己的表情与动作，不可给对方带来压迫感，不可弯曲背部。眼睛看着下方与他人说话时，也不宜采取从上方往下看的姿态，或动作过大；若能使身体略倾斜地与人谈话，即可显示出柔和感。走路时也应背部挺直而轻快地行走。身材超高者不宜选择隆得很高、很有分量感的发型，而应选取垂直且短并近乎整齐感的发型，不宜化浓妆，化妆应尽量自然。无论穿着何种衣服，都必须挺直而自然地行走。可穿腰部装饰小花束的裙子或佩戴有着大花样的饰品，改变上半身过高的感觉。社会人群里多数是身材矮小者，矮小的身材也有其独特的美。身材矮小者可用走路方法、服装设计款式和发型等来弥补，使自己显得娇小可爱，美丽动人。

身材矮小者宜梳短发，并以眼部化妆为重点，使自己呈现高雅感。为使身材显得高一些，宜穿着紧身裙或细长的紧身裤，不宜穿开

口很大的衣领或肩膀部分有很多鼓起的褶的上衣，也不宜穿有很多褶的裙子，不宜穿高跟鞋，而宜穿易于行走、鞋跟略高的鞋子，以走路舒适为宜。

对于脖子又粗又短的女性，无论穿着何种样式的服装似乎皆无清晰感，令人感觉似乎到处都有隆起。最好穿"U"形或"V"形开口的衣领，使脖子明显一些，衣领紧密闭合的衣服尽量不要穿。在日常生活中应尽量伸直脖子，使下巴自然略向上方移动，让脖子显得更长，但应注意适度，若过分抬高下巴，则两个鼻孔会朝向前方，反而更难看。脖子太长并不是缺点，相反是美人的条件之一。将头发梳高或让头发垂下以及其他发型都是合适的，但若不化妆，就把头发扎起来，则会令人感觉略具寒酸相。脖子较长的人如果装扮不好会给人不好的感觉。由于脖子较长容易引起别人的注意，不要穿黑色，最好穿紧闭衣领的衣服，应该选择色调柔和的衣服。避免穿领口开得很大的衣服，宜穿着花边高领的洋装，利用长脖子的优点显示华丽。有皱纹的脖子，被称为"项链线条"脖子，即脖子似乎挂有一条刚好紧贴脖子的项链皱纹。一般人衡量女性的年龄，总会观察三个部位的皱纹：一是眼睛周围的皱纹；二是嘴巴周围的皱纹；三是脖子上的皱纹。脖子是支撑头部的，因此脖子很容易长出皱纹，为了防止脖子出现皱纹，可使用低枕头，须知脖子也是女性脸部的一部分，其重要性不次于脸部，应该加以保养。

胸部太小的人穿着衬衫应使衣服略略鼓起或穿着宽松的衣服。穿着胸部有褶纹花边或大花样的衬衫，可以掩饰其缺点。要穿戴胸罩时，应将身体向下弯曲而使胸部置于胸罩内，好像要捞起东西般地把胸罩

穿戴上，且必须采用将乳房往中央处靠近的穿戴法。如果胸部与胸罩之间有空隙，则可采取用纱布包棉花，喷上香水之后再垫进去的办法，这样不但可整形，且能享受芬芳的香味。胸部大而下垂的人，无须勉强掩饰胸部，应巧妙地设法使之显得优雅。应多穿领口略低或胸前有宽大开口的衣服，也可穿着胸罩与束腹连接的内衣，再穿毛绒衣，这样可显得很性感。若毫无掩饰而让下垂的胸部任意晃动则会显得粗俗而不体面。对人的身体而言，成双的部位往往不一定左右对称，乳房左右不一样大的人，要非常注意内衣的穿法，最简便的弥补方法是穿着装有钢丝且垫有厚海绵的茶杯状的胸罩，先弯下身体把胸罩戴上，稍微穿紧些，再用手将较小的一边往上拉，如果胸部和胸罩之间有空隙，也可用纱布包上棉花，喷上香水进行填充。

腹部突出的体形常常令人感到尴尬，所以应注意不可穿太紧身或太宽松的衣服，内衣宜选用能抑制腹部的束腹或胸罩与腹连接的内衣，选用品质优良的束腹时，会觉得很舒服，不但能抑制突出的腹部，也能显出有优美曲线的腰部。要选择合乎自己体形的束腹，套上之后一面旋转一面逐渐往上推。过分紧身或过分宽松的衣服容易显露下腹部的缺点，较适合的穿着是那种从腰部线约15厘米以下的部位略为宽松的衣服，穿着时可将上衣略鼓出，亦可穿着合身长裤而套用较宽松的上衣。

女性健美的乳房，是显示青春魅力的重点部位，胸部美的标准是双乳对称、适度丰满，呈圆锥形，乳峰稍向上翘起，乳头突出，双乳之间形成流滑的乳沟，整体上富有弹性的曲线，能与扁圆的腰腹形成匀称的对比。1907年，法国时装设计师波埃丽特首先打破传统的紧身

胸衣，推出了简练的直线形的兜式结构文胸，从而形成了女性的辅助内衣——胸罩。它贴身合体，又可支托双乳突起，既保护胸部的发育，又增加美的魅力，因而传至今日仍然备受女性的欢迎。

附一

山东潍坊杨家埠孤本年画中的服饰艺术研究

　　潍坊杨家埠木版年画，起源于明代，繁荣于清代，至清代中后期，它在数百年的发展传承中，形成了浓郁的地方特色和鲜明的艺术风格。因此，山东潍坊杨家埠木版年画于 2006 年被国务院列为第一批国家级非物质文化遗产保护名录。《中国潍坊杨家埠孤本年画全集》主要收集了杨家埠清代、民国及新中国初期的年画，它系统地反映了明清、民国及新中国初期等这些历史时期的人物形象，其中的人物美不胜收，品类繁多，表现出特色鲜明的服饰艺术，反映着那个时期人们的服饰美学风尚，呈现出华美乐章中的服饰审美。

　　据资料显示，杨家埠木版年画创于明代，至明末已臻于成熟，咸丰、光绪时期达到极盛，当地艺人们"收罢大秋就刻版，忙到腊月二十三"。他们按照当时百姓的风俗信仰、审美意识，逐步丰富自己的表现内容，其题材极为广泛。

　　杨家埠孤本年画所表现的题材内容归纳起来有以下几种：戏文故事、神圣仙佛、人物传说、美人童子、生活时事、山水花卉六大类。"戏文故事"主要取材于历史小说、公案传奇等，如《水浒一百单八将》"回荆州""刘公案""龙凤配""西厢记"等。"神圣仙佛"主要是民间供奉祭祀的各种神祇图像，主要包括财神、灶王、八仙、家堂、菩萨等。人物传说题材比较广泛，有文人趣话，如"羲之爱鹅""梅妻鹤子""周子爱莲"等；有圣贤故事，如"卫灵公问陈于孔子""子欲居九夷"等；有民间传说，如"梁山伯与祝英台""天河配"等。"美人童子"多配以祥花瑞兽组成富贵吉利的寓意，如"麒麟送子""连年有余""六合同春"等等。这些年画的服饰都有其鲜明的美学特征和审美诉求。

一、重意而轻形的写意服饰美学
——杨家埠孤本年画中的戏文故事服饰特征

　　潍坊杨家埠孤本年画中的人物，其服饰大都整齐奢华，光鲜亮丽，在过年时家家户户张贴年画，不仅能够烘托出年味来，还反映出人们对美好生活的向往。服饰是社会的一面镜子，是社会民众审美的反映。清代是杨家埠年画的发展繁荣时期，而这一时期正是京剧服装

不断创造达到戏曲服装艺术高峰的时期，经过一定的艺术内涵的积淀，有着丰富的美学原则和美学特征，显示出中国传统文化艺术鲜明的民族风格和民族气派。这一时期的木版年画在服饰造型上，往往不拘泥于真实的生活服装，而是将古装、戏曲服装混用，以增加美感，使人赏心悦目，表现出民间艺人对年画人物服饰的一种自我认知与经验的总结，这是理想与现实的结合，是人们渴求丰收、平安、幸福的思想的高度集中，真正体现出了"好看就中的"的创作思路。

"画中要有戏，百看才不腻；出口要吉利，才会和人意；人品要俊秀，能得人欢喜。"这是杨家埠年画创作中世代相传的原则，不但表明了他们的创作态度，也体现出了他们对创作的要求。因此，在题材的选择和处理、构图形式、造型、服饰色彩等方面形成了与其他画种截然不同的面貌，并有他自己的一整套规范。例如，无论男女老幼以至文武官员、传说人物，服色都以红为基调，连威猛的门神，其铠甲也用红色体现，在红色基调上，再用黄、蓝、绿、紫，经过巧妙配置，填嵌在各种形状、大小的图案内，形成明快而又变化的色彩韵味。

《水浒一百单八将》年画，为四幅大横批，内容取材于历史小说《水浒传》，表现的是梁山聚义的英雄人物。画中人物为戏曲打扮，画面人物众多，场面宏大，亭台楼阁，山水湖畔，帐幔桌椅，每个人物造型生动，动作夸张有力，构图饱满热烈，像是一场盛大的京剧演出画面，也是杨家埠孤本年画中艺术性最高的作品。而剧中的人物造型，却是程序化的戏曲人物造型，完全是写意的艺术手法。从这些刻画精美的戏曲故事中，可以认定，"靠"的样式在清代业已相当完美。再看看年画《五雷阵》，内容是秦欲吞并六国的故事，但是人物服饰丝毫看

177

不到那个时期的服装样式，画面中的人物造型与前面《水浒一百单八将》，有异曲同工之妙，甚至动作夸张的武将脸上是京剧中的脸谱形象，鞋子是戏曲服饰中的厚底靴，头上是戏曲人物的头饰，一招一式带有程序化的动作，人物服饰的色彩也是简单的红绿粉蓝黄色搭配。在有形的（物态化了的服装）的基础上追求"衣境"，不求服装形似的生活真实，与戏曲服装表演的虚拟性相适应，不再简单地再现历史生活服饰的真实性和细节的具体性，而是着力于借物态化的服装去为人物传神、抒情。以为人物传神、抒情为唯一的最高的美学追求，这是潍坊杨家埠孤本年画中的最重要的服饰写意美学原则。

二、妙在似与不似之间的意象化服装

——神圣仙佛题材的服饰美学原则

以神圣仙佛为题材的潍坊杨家埠木版年画是销量最多的，它与每家每户的关系最为密切。在神圣仙佛孤本年画中，主要有武门神、文门神、武财神、文财神、家堂、灶王及涉及生活中的各种神像，这些神像是年画中出现最早的题材内容，反映了人们信仰及驱邪避祸、祈福迎祥的心理。每逢过年，人们要贴门神，供财神，祭灶王，祭拜祖先和各路神仙。武门神主要有"神荼郁垒""秦琼敬德""赵公明与燃

灯道人"等。其共同特点是构图严谨，像门板一样方方正正。人物魁伟粗壮，身着铠甲，手执兵刃，宛如威风凛凛的卫士，圆睁两眼，审视着门外的一切。武门神头戴凤翅战盔，身穿战袍，外披铠甲，胸有两裆铠，上臂有臂甲、腰束革带，围以包肚，下身有膝甲，脚穿战靴，一派明代武将的装束。

"文门神"是贴在堂屋门上的，主要有"五子门神""福禄寿三星门神""天官赐福单座"等。它的构图形式也像武门神一样适合门板的整体性，但人物表情和颜悦色，似有接福迎神之乐。其中天官的形象作了一品大员的形象，身穿盘领大红官袍，五缕长须，慈眉笑脸，手持展开的"天官赐福"，受福之人吉祥富贵、随心如意。为了突出天官威严的形象，头戴象征官员的乌纱帽，身穿吉祥喜庆的大红官袍，腰束绰带，足着软靴，袍服上绣盘龙，充满着吉祥的意蕴。龙，本是图腾崇拜的产物，但在民间艺人的心目中，将龙与天官视为一体，表现出一种皇权崇拜的敬畏心理。中国历代服饰的外在总体特征就是宽袍阔袖，尤其在礼服上显示出重威严的深邃内涵。年画用服饰的肥阔壮丽，衬托出身份高贵者的威仪。

神圣仙佛中的人物，多穿以宽肥阔大而又华丽异常的袍服，在民众的心里，既是一种权力的象征，同时又是一种精神象征（仪态威严），符合植根于几千年封建社会的服饰审美理念。所以，民间艺人对这些神圣仙佛的人物形象，会用一种赞颂的主观情意去表现，在他们的心目中，高贵与华丽并存，威严与肥阔相关，用与帝王相关的龙纹表示尊贵的身份。这些肥阔、华丽的意象，不仅仅是款式的宽大平直，更主要的是装扮上也强化肥阔的效果，即以挂玉带的方式，虚拟地表

示束带（似与不似），这是源于生活而又超脱生活有意义的"象"。生活中的外在物象绝不存在于这种样子，"带"总是要用来束腰的，很明显，年画中的神圣仙佛，在民间艺人头脑中的意象全在突出人物的精神力量，离形得似，貌离神合，神韵宛然。

写意作为艺术表现法则，主要体现在汲取历史生活服饰作为创作素材，以创作者的主观情志（意）为主导，对历史生活服饰进行巧妙的提炼、加工，使之从生活化引向符合年画审美的艺术化，成为一种既似历史生活服饰、又不是历史生活服饰，妙在似与不似之间的意象化服装。在既源于生活、又超脱生活的潍坊杨家埠木版年画中，主要运用意向创造方法，即以意为主导，以象为基础，创造出了意象化的服装。

三、超越形体的精神美

——杨家埠年画中的人物传说服饰审美

潍坊杨家埠孤本年画中的人物传说多以历史人物或文学典故作为创作题材，如"赵颜求寿""高山流水"等；也有宣扬伦理道德和劝诫教化世人的年画，如"礼仪忠孝图""二十四孝图""二十四悌图"等。这些年画从不同的角度，反映了当时社会的伦理道德和风俗民情。这些年画大都色彩淡雅，甚至只有墨的浓淡变化，颇有韵味，是民间年画和文人画相结合的精品。在人物的服饰上，大都交领、长袍、阔袖、束腰，没有过多华丽的图案和色彩，完全是生活中的装扮，毫不注重是哪个朝代的服装，但是在审美上注重了衣带的飞扬飘逸，给人以舒畅优美的视觉感受。

中华民族的女性形象是端庄大方、优雅含蓄，在服饰审美观念上，崇尚装饰美化，借自然界的花鸟作为纹饰，比喻女性温柔妩媚，这是追求一种超越形体的精神美。从审美的角度看，这更是一种典型的装饰人体美的服饰美表现形态。潍坊杨家埠木版年画的民间艺人在感悟这些人物传说时，表现出一种传统的艳慕情怀，将这些女性与这些花鸟相联系，相重叠，创造出意象化的女性服饰形象，他们强调的是意，借物喻意，舍弃的是自然的象，即女子纤细的腰肢，宽袍阔袖遮掩了生理上的三围曲线，突出了精神上的美，即人物的形象一尘不染，表现出女性的纤纤飘逸之美。

四、写实与借物寓意相结合的审美观

——杨家埠年画中的美人童子服饰

潍坊杨家埠年画中的美人和童子，是深受老百姓喜爱的，再配以鹿、鹤、桃、榴等花果，通过谐音、寓意、象征的手法，来表现幸福

美满、和谐祥瑞的主题。例如绘以鹿鹤，意为六鹤同春；绘以麒麟，表示麒麟送子。也有表现闲情逸趣的，年画的结构往往很夸张，色彩比较饱和，如《金鱼童子》中的三童子，其中一童子身穿肚兜手持莲花，另一童子身穿肚兜骑在一条大鲤鱼身上，寓意连年有余的美好愿望。年画用夸张的手法，童子头比身子大，鱼比童子大，用夸张的写实，借物的寓意表达民众的诉求，深受百姓喜爱。美人童子类年画多是"对画"的形式贴在年轻夫妻的房门上。其中有一幅《儿童聚乐》，表现的内容是母亲正在与婴儿玩耍，前面一儿童手推独轮车，车上装满金银财宝，身后的高几上摆放着盛开的牡丹和莲花，以此表示家庭美满，富裕安乐。画中的母亲梳着两把侧髻，髻上插花，端庄文雅，衣着合体，朴素大方，其着装就有明显的时代性，即清代服饰的特征——旗袍、立领、镶嵌宽边装饰、边缘加绲边、盘扣、窄袖口，袖口加绲边装饰，面料上加花卉装饰，寓意明显。儿童的衣着为对襟合体的长袍，窄袖，侧缝开衩，头戴镂空的似帽非帽的一圈像斗笠一样的帽沿，身上画有明显的花卉图案作为装饰，既丰富了画面，又寓意幸福美好，通过鲜艳的色彩，反映出人们对幸福美好生活的向往。再看《蟾宫折桂·连中三元》画面中的人物服饰同样是清代的生活服装，即民间艺人根据生活中的服装为原型进行创作，同时为了满足人们的美好愿望，借物寓意，在人物的衣着装饰上，手执器物上，通过其谐音来寓意美好生活。

总之，意象创造中的思维本是一种很复杂的思维，而且也一定伴随着一个复杂的变化过程，所以，意向的生成往往是带有模糊性、不确定性的，此外还有一定的阶段性，像潍坊杨家埠孤本年画中的服饰

审美特征，具有一定的历史积淀，除了它的意象外，还有一定的程序化，这个过程不可能叙述得很具体，我们试图通过一幅幅生动的年画去理解人物的服饰审美特征，他们的服饰既是生活，又不是生活。在杨家端口木版年画中，造型的程序化和随意性是互补的两个方面，各类形象经过几百年逐步演化，到后来已有一定的模式。但另一方面，过于强调模式，则有悖于艺术的自由表达，因而杨家埠民间艺人有一句口头禅："画面无正经，好看就中。"似乎解释了为什么杨家埠年画几百年来具有顽强生命力的原因。它的产生、它的语言演变、它的民族心理、它的绘画理论、它的制作手段、它与当代艺术的关系，成为我们在理论和艺术实践中模糊不清的难点，对服饰审美缺乏系统的研究是我们在民间艺术的缺憾，甚至影响当代艺术的进程，这些都有待于我们去挖掘。

中国潍坊杨家埠孤本年画中的服饰，由于与实际服饰有所区别，是实际与理想相结合的产物，这些风格各异、特色鲜明的服饰艺术，反映了那个时期特定的服饰美学风尚。对研究当地的民俗文化具有重要的意义，对戏剧影视服装设计也有一定的参考应用价值。

附二

演艺服装设计研究

　　我国是历史悠久的文明古国，是举世闻名的礼仪之邦，向有"礼仪三百，威仪三千"之喻，又是举世闻名的衣冠王国。上古有"黄帝垂衣裳而天下治"之说。我们探究演艺服装的起源，可以追溯到远古时期的先民在狩猎成功后的欢庆舞蹈。当人们在进行舞蹈时，把狩获的兽皮经过简单的拼凑穿在身上，将兽角、兽头顶在头上，并模仿动物的形象扮作猛兽，同时配以动物的声音起舞，不仅如此，人们还将动物的图案文在身上，以达到神似的境界。这时的服装就具有了演艺服装的基本功能，即表演和再现的功能。后来，随着原始的自然崇拜，出现了代表超自然能力的图腾。在这些舞蹈中，人们把自己融入角色中，成为一种有意识的活动，演艺服装得到了进一步发展。随后，随着阶级社会国家统治的建立，历代君王越来越意识到国家统治和政权巩固的重要性。特别是到了周代，每逢重大的祭祀典礼，皇帝都要穿上"王者之礼"的冕服，冕服不仅是最早的礼仪服饰，同时也是一种奢华的演艺服装，通过冕冠、上衣（玄色，即墨色）、下裳（一般为红色或黄色）、舄等主要部分，以及蔽膝、绶、佩等配件，把天下的龙的神的意志附于其身，使其君临天下，统视苍穹，以巩固其统治地位，这时的冕服是最具规模最有代表性的演艺服装。

现代演艺服装设计一般指在舞台、影视艺术中全部为参加表演展示和出现的人物所提供的服饰造型设计。它统属于舞台影视美术设计范畴，它又同导演艺术、表演艺术合作形成一个团队来共同完成塑造舞台上角色的性格与形象，达到艺术化的演出目的。由于演艺服装设计不仅具有一般服装设计的共性，还有其独特的个性，它是涉及多种学科、多种知识范畴的领域。它不仅与色彩学、服装材料学、服装工艺学、人体工程学、气象学、心理学、社会学、经济学相关联，而且与戏剧、影视、美术、音乐、文学、哲学、历史、美学、考古学、民族学、民俗学等密不可分，因此演艺服装设计师应具有更广泛、丰富的知识结构。由于每一部舞台影视作品的内容、形式、结构风格都是不一样的，作品所反映的时代、时间、地域、故事、人物内容也不尽相同，所以对演艺服装设计的研究，要先从演艺服装的设计风格进行深入细致的研究，因为风格决定设计种类，样式是服装呈现的款式，而程序是服装设计的规则，只有掌握好演艺服装的设计风格，才能为演艺服装的设计确定准确清晰的目标方向，指导今后的演艺服装设计顺利进行。

在进行演艺服装设计之前，必须先弄清服装的设计风格，它将指导我们下一步的明确目标和方向问题。因为演艺服装的设计风格直接影响演出的整体风格，服装的设计风格只有与作品的整体风格高度匹配与协调，才能达到演艺服装设计的目的，这样才是成功的服装设计。

演艺服装设计风格主要有写实风格、写意风格、抽象风格、动漫

风格、科幻与魔幻风格等。最常用和常见的就是写实风格和写意风格。首先我们看一下写实风格，这种风格是必须客观地观察生活和事物，并按照其本来的实际状态和样式准确细腻地反映现实。在所有戏剧影视作品中，写实风格是最为常见的。现在我们经常见到的影视作品多以现实主义创作原则为主流，尽管这类作品中也加入了浪漫、表现、抽象等处理手法，但以写实手法为主流是它最基本的风格，在进行写实风格的服装设计时，也要进行加工和处理。现实生活给予的选择空间太大，可取的创作元素太多，而人们对熟悉的东西往往给予的批评和挑剔也最多。这时就要利用现实生活中所提供的素材根据剧情的需要创作的整体风格、人物的性格、演员的个人条件、服装的整体布局，色彩分配的需要选择出最适合角色的那些部分，进行加工改造，使生活的真实上升为艺术的再造。台湾作家赖声川的作品《暗恋桃花源》，其中的"暗恋"剧情是用写实的手法讲述的战争动荡的旧上海，江滨柳和云之凡这对学生恋人因为战争不得不暂时分别的一出悲剧。女主角云之凡正值妙龄少女，她的形象是一身浅蓝色的学生长袍，外罩一件月白色的开身毛衣、白袜子、白皮鞋，这样一个青春少女被惟妙惟肖地表现出来。云之凡的学生长袍在款式上借鉴了旗袍的中式立领、斜开襟，但完全没有采用旗袍的绲边装饰，这是为了表现云之凡未被社会污染的纯洁，而下半身裙摆部分则完全采用长袍的开衩方式，使她的学生身份真实再现。一般的学生装都比较宽松肥大，而这里却采取了合体的腰身裁剪，使少女云之凡的美丽形象更加楚楚动人。特别是在人物整体的色彩把握上，浅蓝、蓝白、白色整体的人物形象与暗恋的戏剧风格和悲剧主题牢牢相扣，人物形象的服装设计非常饱满。

　　所以对于写实风格的设计，最重要的是在茫茫生活素材中，怎样去挑选、捕捉到能为设计所用的素材，将这些素材经过精心创作、加工、提炼后成为完美的人物服装设计。

　　演艺服装的另一种主要风格是写意风格，它是用简练的笔墨去描绘物体的形神，用以抒发作者所追求的精神理想和意境。写意与写实的不同之处在于它不去主张真实地再现客观事物，不强调一味地追求对所要表现的对象做准确无误的描写与刻画，突出的是"达意畅神"，写意性的服装设计要求设计者要有丰富的想象能力、设计能力和对事物的观察理解能力，以及将复杂的事物整合以后的提纯能力。在服装设计中，舞蹈、舞剧、戏曲中的人物设计多采用写意的风格，这主要是由其艺术形式所决定的。例如《暗恋桃花源》中"桃花源"里的人物造型设计，采用的就是写意风格的处理。这也与整个"桃花源"剧情的写意风格相吻合。剧情描写的是一个亦梦亦真亦虚亦实、虚实相间的现实和虚无的浪漫喜剧爱情故事。它不受时代和地域的限制给了我们很大的创作空间。写意，是"桃花源"的总体风格。其中桃花源里的仙境，表现的是一种浪漫的、虚幻的、唯美的意境，在人物的造型上，为了追求以上效果，人物在服装外形上、款式上、色彩上高度一致，没有具体详细的细节设计，白色的长袍外形，宽衣大袖的简约设计，灰白的帽子和白色飘带，白色的靴子，追求一种简洁、浪漫和唯美的效果，与"桃花源"整体写意风格完美统一，达到了理想的效果。而老陶这个贫苦的渔夫形象也是用古代的交领镶边来体现。写意的服装设计没有反映出具体的年代，但其写意的风格设计却取得了满意的效果。

因此，服装设计风格要服从作品的整体风格，服装设计整体风格的统一与否，关系到创作的成败。这是一个看似好做其实很难的事情。因为一件优秀的作品看上去似乎并不"复杂"，而一件很是下了功夫的东西却往往不是东西。问题的关键是在于创作理念，要头脑清晰，语言简练并有特点。清晰是指思想里始终有一条创作风格主体在规划着设计。语言的简练是不要讲废话，不要认为别人看不懂而过多解释与表现。设计风格的"统一"与"单一"不属同一概念，统一是指在风格一致的把握中有多种多样的表现手段，这就是艺术美的丰富性，这既是舞台艺术的目的之一，也是戏剧带给观众的目的。

另外，演艺服装的设计风格还有抽象风格、动漫风格、科幻与魔幻风格等种类，无论是哪一种风格的设计，在创作时都要进行创造创新设计，创新意识可派生多种创造。仅就服装而言，有新形象、新视觉、新面目和新人士等多种多样的"新"，这些"新"要有新创意、新形式、新方法、新手段、新材质以及使用新技术、新工艺等共同完成。

其实对于非写实的非语言类的舞剧、舞蹈、戏曲、歌剧、杂技以及语言类的童话剧、人偶剧、神话片和科幻片等艺术类别的作品中比较容易展开和发挥。在较为写实性的艺术形式，如写实话剧、音乐剧、电影、电视剧形象的创新空间则要受到限制，因为设计师不可以随心所欲地去编造人物。这时的创新需要特别的思考、特殊的角度、特殊的目光，在平凡的生活中去发现艺术美的闪光点，在统一的艺术风格的框架中，进行人物的造型设计。任何脱离创作的整体而追求独树一帜的喧宾夺主的"创新"都是不应提倡的。

由此可见，演艺服装的设计在一场演出中不必过于醒目，但服装风格与整个剧情的总体风格要一致。在一场优秀的演出中，所有的环节都应是紧密完美地联系在一起，没有疏漏，没有卖弄，没有"抢眼的"噱头，以至于人们忘了剧场，忘了布景，忘了演员，记住的只有那激动人心的故事、扣人心弦的情节、身临其境的环境、忘我的表演，优美的舞姿，甜美的歌声，这样的服装才是成功的。用最大的力去塑造无欠缺、无多余、不做作、不张扬、不留创作痕迹的作品，是演艺服装设计所追求的最高境界。（图 18—图 24）

附二　演艺服装设计研究

图 18　舞蹈《愚公移山》人物造型设计　徐丽慧

图 19 话剧《惜》舞台人物造型设计 赵丹

图 20　舞剧《秋月高悬》舞台人物造型设计　赵丹

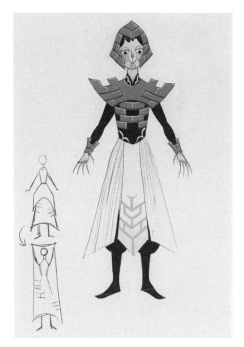

图 21　儿童剧《老鼠嫁女》舞台人物造型设计　余潇潇

图 22　话剧《东方朔》舞台人物造型设计演出剧照　徐丽慧

图 23　话剧《大相春秋》舞台人物造型设计演出剧照　徐丽慧

图24 话剧《家》舞台人物服饰造型设计 徐丽慧

图 25　舞剧《红旗颂》舞台人物造型设计演出剧照　李昕蔚

附三

主要参考书目

［1］全金:《19世纪末20世纪初俄罗斯舞台服装》,山东美术出版社2008年版。

［2］洪忠煌:《戏剧艺术概论》,浙江教育出版社1998年版。

［3］胡妙胜:《当代西方舞台设计的革新》,中国美术学院出版社1997年版。

［4］张乃仁、杨蔼琪:《外国服装艺术史》,人民美术出版社1992年版。

［5］王淮、杨瑞丰:《服装材料与应用》,辽宁科学技术出版社2005年版。

［6］李永平:《服装款式构成》,高等教育出版社1997年版。

［7］廖可兑:《西欧戏剧史》,中国戏剧出版社2002年版。

［8］卢昂:《东西方戏剧的比较与融合》,上海社会科学院出版社2000年版。

［9］智海鑫:《服装裁剪入门及板样70例》,化学工业出版社2016年版。

［10］徐丽慧、刘冬云:《白领女性服饰巧搭配》,金盾出版社2008年版。

［11］谭元杰:《戏曲服装设计》,文化艺术出版社2000年版。

［12］潘健华:《舞台服装设计与技术》,文化艺术出版社2000年版。

［13］徐丽慧:《服装与创意》,上海书店出版社2006年版。